“十二五”职业教育国家规划教材
经全国职业教育教材审定委员会审定
高职高专通信类专业核心课程系列教材

3G 移动通信接入网运行维护

（WCDMA 基站数据配置）

第 2 版

主　编　孙秀英　许鹏飞
副主编　郭　诚　韩金燕
参　编　于正永　徐　彤　丁胜高　史红彦

机 械 工 业 出 版 社

本书以培养3G基站开局与数据调测技能为目标，以中国联通WCDMA网络为例，全面系统介绍了WCDMA-RNA仿真软件和华为LMT软件的使用方法，RNC数据配置和NodeB数据配置流程、步骤和操作命令。以现网配置和仿真配置方式设计了16个基站数据配置实验，每个实验都设计了课后跟踪练习，以帮助学习者对课程内容加深理解。本书设计了与配置环境一致的设备、单板与网络结构插图，方便授课和学习使用。

本书可作为高职高专通信类专业的授课教材和电信技术人员的培训教程，也可作为通信工程技术人员的技术参考书。

为方便教学，本书配有免费课后习题答案、模拟试卷及答案等，凡选用本书作为授课教材的学校，均可来电（010-88379564）或邮件（cmpqu@163.com）索取，有任何技术问题也可通过以上方式联系。

图书在版编目（CIP）数据

3G移动通信接入网运行维护：WCDMA基站数据配置/孙秀英，许鹏飞主编．—2版．—北京：机械工业出版社，2014.8

"十二五"职业教育国家规划教材　高职高专通信类专业核心课程系列教材

ISBN 978－7－111－47753－2

Ⅰ.①3…　Ⅱ.①孙…②许…　Ⅲ.①码分多址－移动通信－通信网－高等职业教育－教材　Ⅳ.①TN929.533

中国版本图书馆CIP数据核字（2014）第192956号

机械工业出版社（北京市百万庄大街22号　邮政编码100037）
策划编辑：曲世海　责任编辑：曲世海　冯睿娟
版式设计：赵颖喆　责任校对：陈秀丽
封面设计：陈　沛　责任印制：刘　岚
北京京丰印刷厂印刷
2014年11月第2版·第1次印刷
184mm×260mm·10印张·243千字
0 001—2 000册
标准书号：ISBN 978－7－111－47753－2
定价：25.00元

凡购本书，如有缺页、倒页、脱页，由本社发行部调换

电话服务	网络服务
社服务中心：（010）88361066	教材网：http://www.cmpedu.com
销售一部：（010）68326294	机工官网：http://www.cmpbook.com
销售二部：（010）88379649	机工官博：http://weibo.com/cmp1952
读者购书热线：（010）88379203	**封面无防伪标均为盗版**

前　言

移动通信技术经历了第一代、第二代、第三代和第四代的发展演进，正在改变着人们的生活方式。基站开局与数据调测是移动通信网络运行维护的重要工作内容。本书是在《3G移动通信接入网运行与维护》第一版基础上完善修订的，并与深圳讯方通信技术有限公司校企合作共同开发，是新版教材《3G移动通信接入网运行与维护（WCDMA接入网技术原理）第2版》相配套的实训教材。

本书编写突出高职教育特点，注重实践技能培养。以中国联通WCDMA接入网运行维护案例设计实验项目内容，全面介绍了3G基站开局数据配置操作方法。在编写过程中，考虑到3G通信实验室建设成本昂贵，本书编写使用了与现网配置环境一致的设备、单板与网络结构插图，将抽象的网络结构和信令流程用图示方式表示，清晰简单、通俗易懂、方便学习使用。本书编写分别使用了华为RNC LMT软件和讯方通信WCDMA-RNA仿真软件两种方式实现基站配置，可以满足具备和不具备WCDMA硬件设备实验条件的院校授课使用，增加了教材的实用性。

本书授课建议：如果与《3G移动通信接入网运行与维护（WCDMA接入网技术原理）第2版》配套使用，建议课程总课时为90课时，理论课时为60课时，实验课时为30课时；如果以本书作为整周实训课程教材，建议授课课时为45课时。

本书由孙秀英、许鹏飞担任主编，郭诚、韩金燕担任副主编，于正永、徐彤、丁胜高、史红彦参编。对于书中疏漏及不当之处，恳请广大读者指正。

编　者

目　录

实验一　WCDMA 无线网络环境认知

一、实验目的

通过本实验，学生可以了解 WCDMA-RAN 系统网络结构、网络地位和设备结构，了解华为 WCDMA 系统的原理知识，掌握华为 BSC6810 和 DBS3900 设备的基础结构和信号流程等技术知识，了解无线网络的整体结构、RNC 和 NodeB 位置及功能、每块单板的作用及结构。同时，通过本实验，学生可以更深刻地理解设备安装等相关技术知识。

二、实验器材

WCDMA-RNC 设备：BSC6810。

WCDMA-NodeB 设备：DBS3900。

实验终端电脑若干台（已安装讯方通信 WCDMA-RAN 仿真软件并获取许可文件）。

三、实验内容说明

本实验主要介绍 RNC 和 NodeB 在 WCDMA 网络中的位置、机房环境、设备结构、设备安装等技术知识。WCDMA-RAN 系统网络结构如图 1-1 所示。

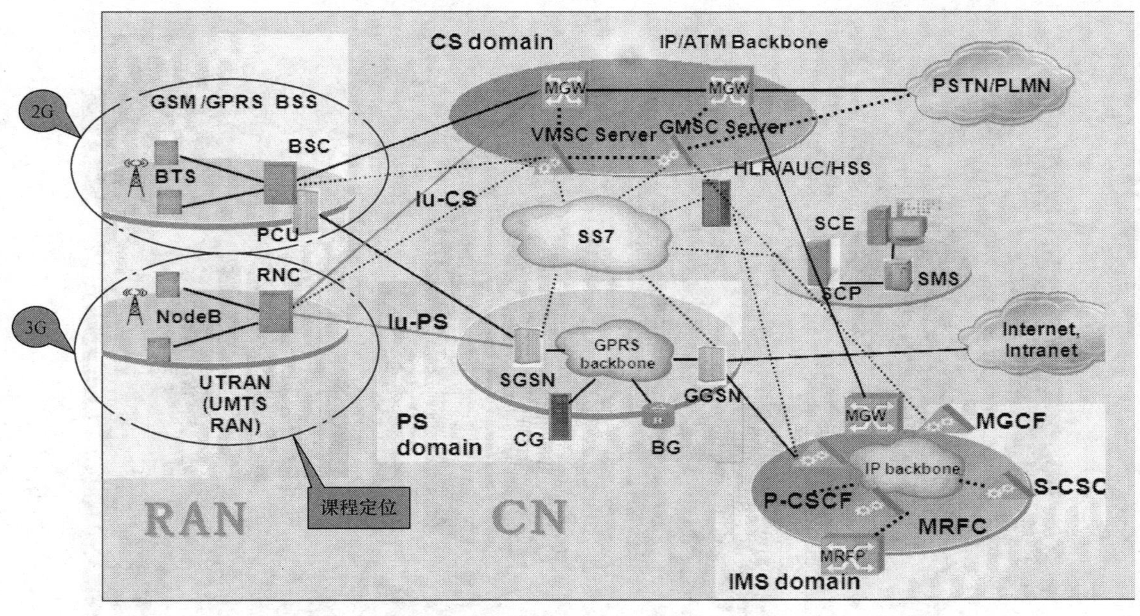

图 1-1　WCDMA-RAN 系统网络结构

RNC 与 NodeB 一同构成移动接入网络 UTRAN。

RNC 主要实现系统信息广播、切换、小区资源分配等无线资源管理功能。

NodeB 是为一个小区或多个小区服务的无线收发信号设备，通过标准的 Iub 接口与 RNC 互连，通过 Uu 接口与 UE 进行通信，主要完成 Uu 接口物理层协议和 Iub 接口协议的处理。

RNC 与 NodeB 在 UMTS 网络中的位置，如图 1-2 所示。

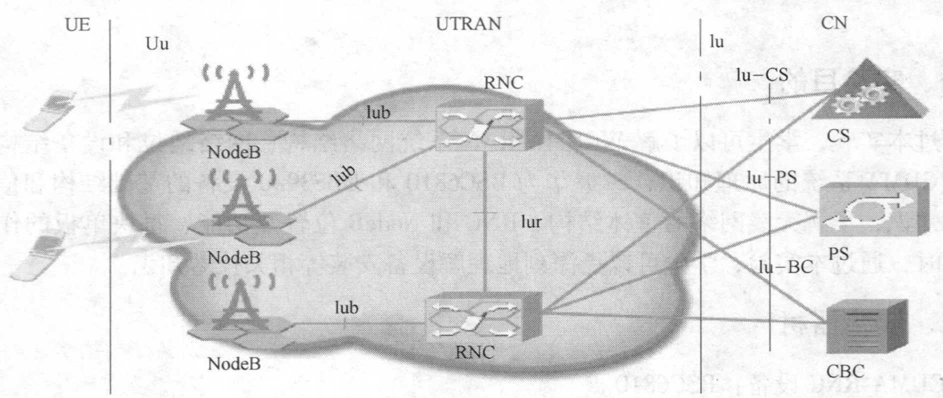

图 1-2　UMTS 网络

四、实验步骤

（一）机房环境认知

机房环境，如图 1-3 所示。

图 1-3　机房环境

（二）机柜认知

机柜，如图 1-4 所示。

图 1-4　机柜

机框，如图 1-5 和图 1-6 所示，机框内含有 28 个槽位。

（三）设备单板介绍

1. OMU 单板

OMU（Operation and Maintenance Unit）为操作维护管理单板。RNC 可以配置 1 块或 2 块 OMU 单板，OMU 单板固定配置在 RSS 框的 20、21 号或 22、23 号槽位。OMU 单板宽度为其他单板的两倍，故每一块 OMU 单板需要占用两个单板槽位。

（1）OMU 单板功能

OMU 单板作为 RNC 的后台处理模块（BAM），在 RNC 操作维护子系统中用于维护终端和 RNC 其他单板之间的通信，OMU 单板功能见表 1-1。

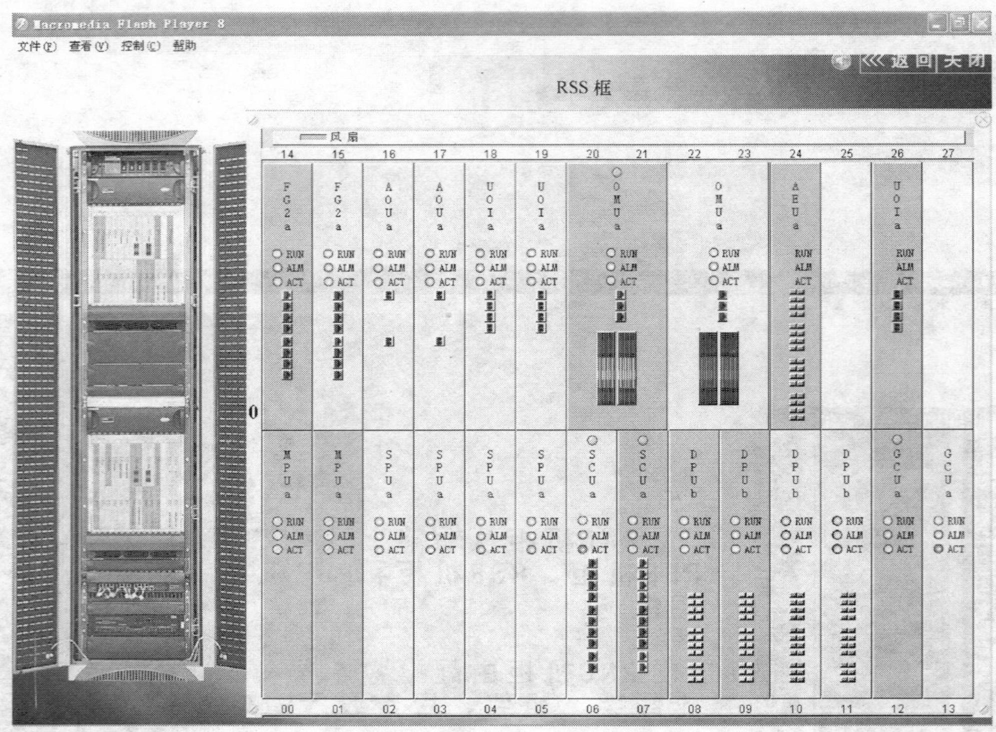

图 1-5　RSS 框

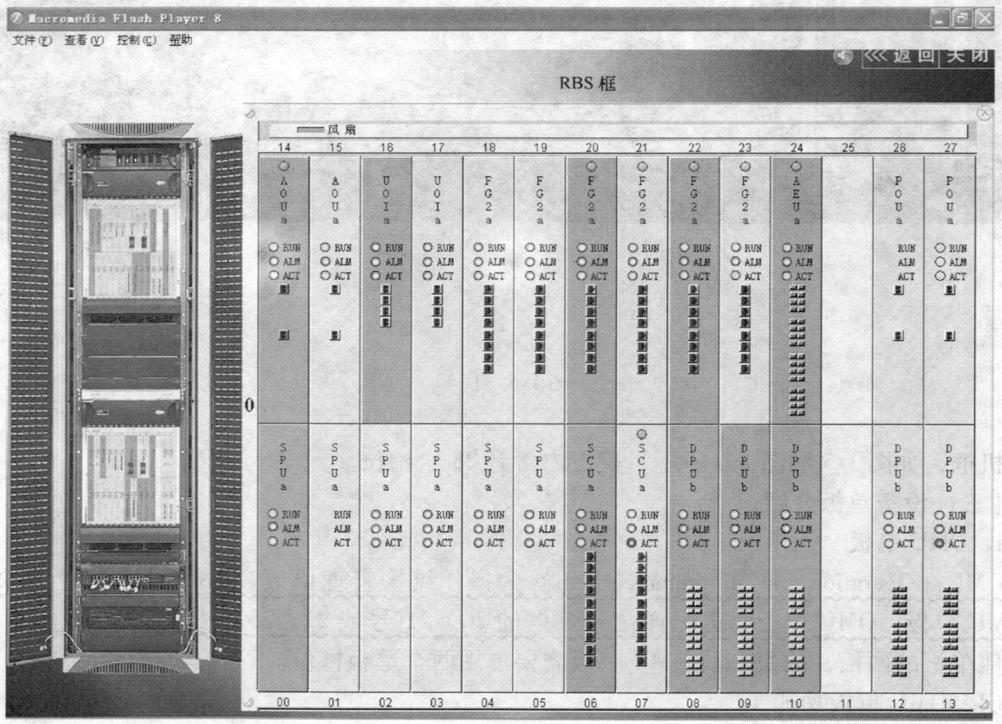

图 1-6　RBS 框

表 1-1　OMU 单板功能

单板名称	OMU
工作模式	主备模式
配置槽位	每块 OMU 单板占两个槽位，固定配置在 RSS 框的 20、21 号和 22、23 号位槽
单板功能	• 为 RNC 提供配置管理、性能管理、故障管理、安全管理、加载管理等功能 • 作为 LMT（Local Maintenance Terminal）/M2000 的操作维护代理，向 LMT/M2000 用户提供 RNC 的操作维护接口，实现 LMT/M2000 和 RNC 主机间的通信控制

（2）OMU 单板面板说明

OMU 单板面板上包含指示灯、接口、按钮等，并固定有硬盘模块。

常用的 OMU 单板为 OMUb 单板，b 为单板的版本。OMUb 单板面板示意图，如图 1-7 所示。

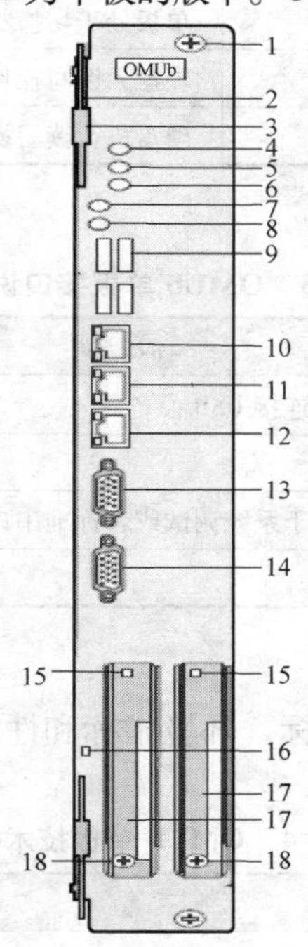

图 1-7　OMUb 单板面板

1—松不脱螺钉　2—簧片　3—扳手　4—RUN 指示灯　5—ALM 指示灯　6—ACT 指示灯　7—RESET 按钮　8—SHUTDOWN 按钮　9—USB 接口　10—ETH0 网口　11—ETH1 网口　12—ETH2 网口　13—COM 串口　14—VGA 接口　15—HD 指示灯　16—OFFLINE 指示灯　17—硬盘　18—硬盘固定螺钉

OMUb 单板面板指示灯状态说明见表 1-2。

表 1-2　OMUb 单板面板指示灯状态说明

指示灯名称	颜色	状态	含义
RUN	绿色	1s 亮，1s 灭	单板正常运行
		2s 亮，2s 灭	单板处于测试状态
		0.125s 亮，0.125s 灭	单板处于启动状态

（续）

指示灯名称	颜色	状态	含义
RUN	绿色	常亮	有电源输入，但单板存在故障
		常灭	无电源输入或单板处于故障状态
ALM	红色	常灭	无告警
		常亮或闪烁	告警状态，表明单板在运行中存在故障
ACT	绿色	常亮	单板处于主用状态
		常灭	单板处于备用状态或未连接状态
OFFLINE	蓝色	常亮	单板可拔出
		常灭	单板不可拔出
		0.125s 亮，0.125s 灭	单板处于切换状态
HD	绿色	常灭	硬盘无读写操作
		闪烁	硬盘进行读写操作

OMUb 单板接口说明见表 1-3。

表 1-3　OMUb 单板接口说明表

接口标识	用途	接口类型
USB0	USB 接口，连接 USB 设备	—
ETH0～2	GE 网口	RJ-45
COM-ALM/COM-BMC	串口，可用于系统调试或者标准串口的一般应用	DB-9
VGA	显示器接口	—

（3）OMUb 单板技术指标

OMUb 单板技术指标包括硬件指标、环境指标和性能指标，见表 1-4。

表 1-4　OMUb 单板技术指标

指标分类	指标名称	指标值
硬件指标	外形尺寸	366.7mm×220mm
	输入电压	-40～-60V
	功耗	100W
	重量	4kg
环境指标	长期运行环境温度	0～45℃
	短期运行环境温度	-5～55℃
	长期运行环境相对湿度	5%～85%
	短期运行环境相对湿度	5%～95%
性能指标	告警文件保存条数	告警最大记录数据为 65000 条
	主备 OMUb 单板的数据同步时间	初次同步时间为 2min，待同步状态达到正常状态后，主备 OMUb 单板每隔 1s 自动同步一次数据，即备用 OMUb 单板实时同步主用 OMUb 单板上的数据修改

（续）

指标分类	指标名称	指标值
性能指标	主备 OMUb 单板的文件同步周期	主备 OMUb 单板的文件同步周期为 5min，实际文件同步时间的长短与需要同步的文件的大小和数量有关
	主备 OMUb 单板的倒换时间	正常情况下，主备 MOUb 单板完成一次倒换，大概需要 1min（不包括主备 OMUb 单板的数据同步时间）
	OMUb 单板启动时间	如果因 OMUb 单板故障，导致 OMUb 单板重启，那么整个 OMUb 单板的启动过程大约需要 2min，业务恢复需要 10min 左右

2. SCUa 单板

（1）SCUa 单板功能

SCUa 单板为 GE 交换控制单板 a 版本，即 SCUa 单板是 SCU 单板的一种版本，为所在插框提供维护管理和交换平台。

SCUa 单板功能见表 1-5。

表 1-5 SCUa 单板功能说明表

单板名称	SCUa
工作模式	主备模式
配置槽位	固定配置在 RSS/RBS 插框的 6、7 号槽位
单板功能	● 实现对本插框的配置和维护 ● 为本插框单板提供 GE 交换平台 ● 为本插框其他单板（RBS 插框的 GCU 和 OMU 单板除外）提供时钟信息

（2）SCUa 单板面板

SCUa 单板面板上有单板状态指示灯和接口，SCUa 单板面板指示灯状态说明见表 1-6。

表 1-6 SCUa 单板面板指示灯状态说明

名称	颜色	说明	含义	正常状态
RUN	绿色	运行状态指示灯	● 常亮：有电源输入，单板存在故障 ● 常灭：无电源输入或单板处于故障状态 ● 1s 亮 1s 灭：单板正常运行 ● 0.125s 亮 0.125s 灭：单板处于加载状态 ● 2s 亮 2s 灭：单板处于测试状态	1s 亮 1s 灭
ALM	红色	告警状态指示灯	● 常亮：无故障 ● 常灭（包含高频闪烁）：告警状态，表明在运行中存在故障	常灭
ACT	绿色	主备状态指示灯	● 常亮：单板处于主用状态 ● 常灭：单板处于备用状态	常亮或常灭
LINK	绿色	网口连接指示灯	● 常亮：链路处于连接状态 ● 常灭：链路处于断开状态	常亮
ACT	绿色	网口数据流量指示灯	● 常亮：没有数据传送 ● 闪烁：有数据传送	常灭或闪烁

SCUa 单板面板如图 1-8 所示。

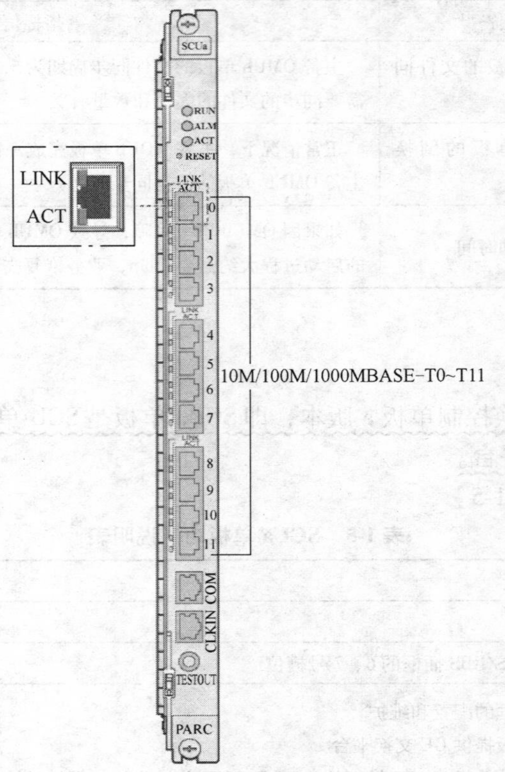

图 1-8　SCUa 单板面板

SCUa 单板面板接口说明见表 1-7。

表 1-7　SCUa 单板面板接口说明

接口标识	用途	接口类型
10 M[⊖]/100 M /1000MBASE-T0 ~ T11	10M/100M/1000M 以太网接口，用于框间互连	RJ-45
COM	调试串口	RJ-45
CLKIN	参考时间源接口，用于接收从 GCU 面板输入的时钟信号和绝对时间信息	RJ-45
TESTOUT	时钟测试接口，用于输出时钟测试信号	SMB 公头

3. SPUa 单板

(1) SPUa 单板功能

SPUa 单板为信令处理 a 版本,即 SPUa 单板是 SPU 单板的一种版本。通过加载不同的软件,SPUa 单板可分为主控 SPUa 单板和非主控 SPUa 单板。主控 SPUa 单板用于管理本框用户面和信令面的资源,完成信令处理功能。非主控 SPUa 单板只用于完成信令处理功能。

主控 SPUa 单板：

主控 SPUa 单板内含 4 个逻辑子系统，如图 1-9 所示。

主控 SPUa 单板的 0 号子系统为 MPU（Main Processing Unit）子系统，用于管理本框用

⊖　M 代表 Mbit/s，行业中常采用 M 表示。

户面资源、信令面资源和 DSP 状态，具体功能如下：

1）负责管理本框用户面资源，如本框 L2 资源管理和分配、管理框间用户面负荷分担。

2）框内控制面负载维护、框间控制面负载信息交互。

3）RNC 逻辑主控、IMSI-RNTI 关系维护和查询、IMSI-CNid 关系维护和查询。

4）RRC 连接请求消息转发，实现 RNC 内部控制面、用户面资源共享。

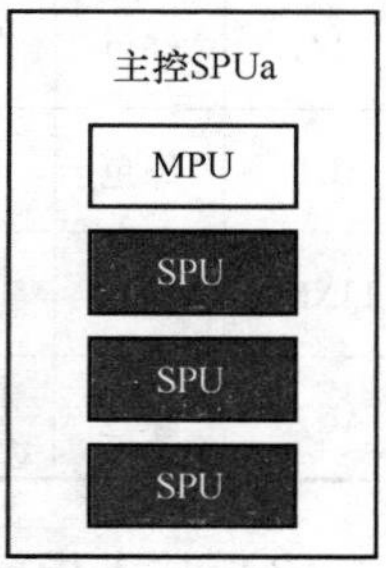

主控 SPUa 单板的 1、2、3 号子系统为 SPU（Signaling Processing Unit）子系统，用于完成信令处理功能，具体功能如下：

1）处理 Uu/Iu/Iur/Iub 接口的高层信令，如 Uu 接口的 RRC、Iu 接口的 RANAP、Iur 接口的 RNSAP 和 Iub 接口的 NBAP。

2）处理传输层信令。

3）分配和管理建立业务所需要的各类资源（PVC、AAL2、AAL2 path、GTP-U、PDCP、IUUP、RLC、MAC-d、MDC、FP 等），建立信令和业务连接。

4）提供 RFN 处理功能。

主控SPUa

MPU

SPU

SPU

SPU

图 1-9　主控 SPUa 单板逻辑子系统示意图

非主控 SPUa 单板：

非主控 SPUa 单板内含 4 个逻辑子系统，如图 1-10 所示。

非主控 SPUa 单板的 4 个子系统均为 SPU 子系统，只完成信令处理功能。

（2）SPUa 单板面板及指示灯状态说明

SPUa 单板面板如图 1-11 所示。

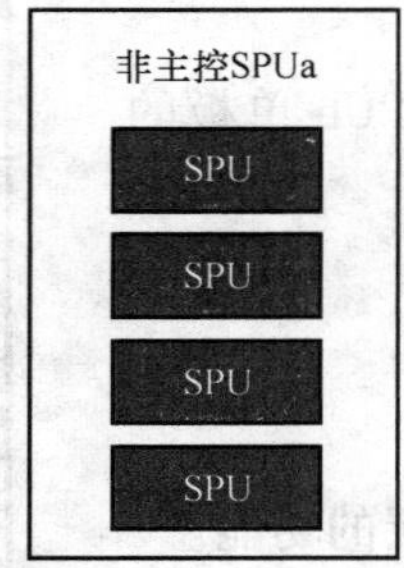

图 1-10　非主控 SPUa 单板逻辑子系统示意图

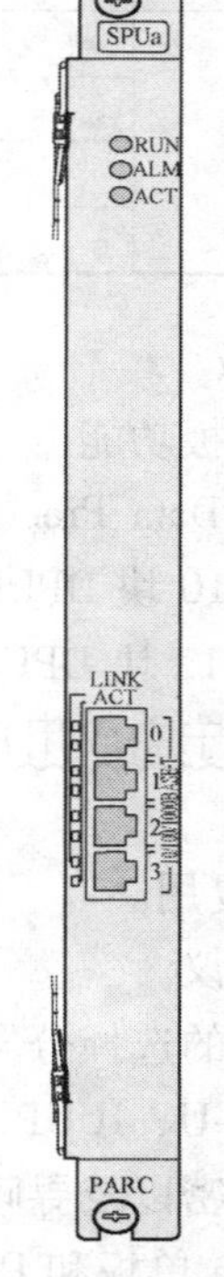

图 1-11　SPUa 单板面板

SPUa 单板指示灯状态说明见表 1-8。

表 1-8　SPUa 单板指示灯状态说明

名称	颜色	说明	含义	正常状态
RUN	绿色	运行状态指示灯	● 常亮：有电源输入，单板存在故障 ● 常灭：无电源输入或单板处于故障状态 ● 1s 亮 1s 灭：单板正常运行 ● 0.125s 亮 0.125s 灭：单板处于加载状态	1s 亮 1s 灭

（续）

名称	颜色	说明	含义	正常状态
ALM	红色	告警状态指示灯	● 常亮：无故障 ● 常灭（包含高频闪烁）：告警状态，表明在运行中存在故障	常灭
ACT	绿色	主备状态指示灯	● 常亮：单板处于主用状态 ● 常灭：单板处于备用状态	常亮或常灭
LINK	绿色	网口连接指示灯	● 常亮：链路处于连接状态 ● 常灭：链路处于断开状态	常亮
ACT	绿色	网口数据流量指示灯	● 常亮：没有数据传送 ● 闪烁：有数据传送	闪烁

（3）技术指标

技术指标包括硬件指标和环境指标，见表 1-9。

表 1-9　技术指标

指标分类	指标名称	指标值
硬性指标	外形尺寸	366.7mm×220mm
	功耗	76.6W
环境指标	长期运行环境温度	0～45℃
	短期运行环境温度	-5～55℃
	长期运行环境相对湿度	5%～85%
	短期运行环境相对湿度	5%～95%

4. DPUb 单板

（1）DPUb 单板功能

DPUb（RNC Data Processing Unit REV：b）：数据处理单板 b 版本。RSS 插框必配 2～10 块 DPUb 单板，配置在 8～11、14～19 号槽位；每个 RBS 插框必配 2～12 块 DPUb 单板，配置在 8～19 号槽位。

DPUb 单板用于完成用户面业务数据流的处理和分发。DPUb 单板的主要功能如下：

1）复用/解复用。

2）处理帧协议。

3）实现数据的选择分发。

4）完成 GTP-U、IUUP、PDCP、RLC、MAC、FP 等协议层的功能。

5）完成加解密以及寻呼。

6）完成 SPUa 单板和 DPUb 单板间内部通信协议处理。

7）提供 MBMS（Multimedia Broadcast and Multicast Service）业务的 RLC 和 MAC 层处理功能。

（2）DPUb 单板面板及接口说明

DPUb 单板面板上只有三个指示灯：RUN 运行灯、ALM 告警灯和 ACT 激活灯。

DPUb 单板面板示意图如图 1-12 所示。

DPUb 单板指示灯说明见表 1-10。

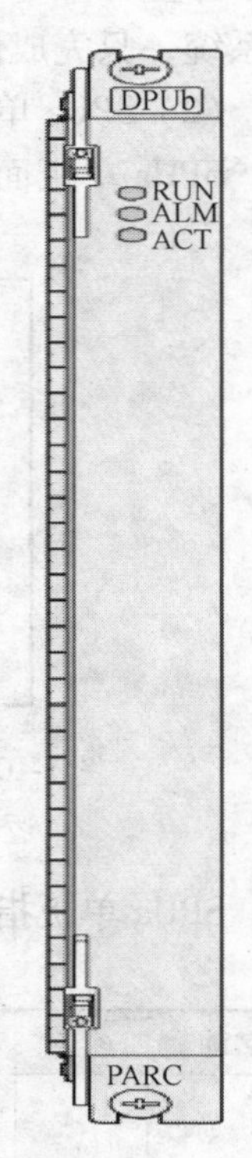

图 1-12　DPUb 单板面板示意图

表 1-10　DPUb 单板指示灯说明

指示灯名称	颜色	状态	含义
RUN	绿色	1s 亮，1s 灭	单板正常运行
		0.125s 亮，0.125s 灭	单板处于加载状态
		2s 亮，2s 灭	单板处于测试状态
		常亮	有电源输入，但单板存在故障
		常灭	无电源输入或单板处于故障状态
ALM	红色	常灭	无告警
		常亮或闪烁	告警状态，表明在运行中存在故障
ACT	绿色	常亮	单板处于可用状态
		常灭	无电源输入或单板处于故障状态

（3）DPUb 单板技术指标

DPUb 单板技术指标见表 1-11。

表 1-11　DPUb 单板技术指标

指标名称	指标值
外形尺寸	366.7mm × 220mm
电源	两路冗余备份的 DC-48V（由插框背板提供）
功耗	60W
重量	1.26kg
长期工作温度	0 ~ 45℃
短期工作温度	-5 ~ 55℃
长期工作相对湿度	5% ~ 85%
短期工作相对湿度	5% ~ 95%
单板处理能力	支持 96Mbit/s 数据流（上、下行之和）；CS 语音业务：1500Erl；CS 数据业务：750 Erl；150 个小区

5. FG2a 单板

（1）FG2a 单板功能

FG2a 单板作为接口单板，可实现 IP over Ethernet 承载。FG2a 单板的主要功能如下：

1）提供 8 路 FE 端口或 2 路 GE 电接口。

2）提供 IP over FE。

3）提供 IP over GE。

4）支持 IU-CS、IU-PS、IU-BC、Iur 和 Iub 接口。

（2）FG2a 单板面板及接口说明

FG2a 单板面板上包含了指示灯和接口。FG2a 单板面板示意图如图 1-13 所示。

FG2a 单板指示灯说明见表 1-12。

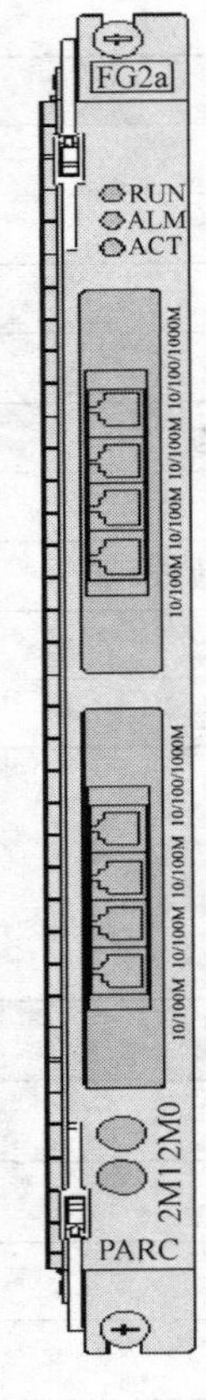

图 1-13　FG2a 单板面板示意图

表 1-12　FG2a 单板指示灯说明

指示灯名称	颜色	状　态	含　义
RUN	绿色	1s 亮，1s 灭	单板正常运行
		0. 125s 亮，0. 125s 灭	单板处于加载状态
		2s 亮，2s 灭	单板处于测试状态
		常亮	有电源输入，但单板存在故障
		常灭	无电源输入或单板处于故障状态
ALM	红色	常灭	无告警
		常亮或闪烁	告警状态，表明在运行中存在故障
ACT	绿色	常亮	单板处于主用状态
		常灭	单板处于备用状态
LINK	绿色	常亮	链路处于连接状态
		常灭	链路处于断开状态
ACT	橙色	闪烁	有数据传送
		常灭	没有数据传送

FG2a 单板面板接口说明见表 1-13。

表 1-13　FG2a 单板面板接口说明

接口标识	用途	接口类型
10M/100M	10M/100M 以太网接口，用于传输 10M/100M 信号	RJ-45
10M/100M/1000M	10M/100M/1000M 以太网接口，用于传输 10M/100M /1000M 信号	RJ-45
2M0	RNC 未使用	—
2M1	RNC 未使用	—

（3）FG2a 单板技术指标

FG2a 单板硬件配置技术指标见表 1-14。

表 1-14　FG2a 单板硬件配置技术指标

指标名称	指标值
外形尺寸	366. 7mm × 220mm
电源	两路冗余备份的 DC-48V（由插框背板提供）
功耗	38. 48W
重量	1. 36kg

（续）

指标名称	指标值
长期工作温度	0～45℃
短期工作温度	-5～55℃
长期工作相对湿度	5%～85%
短期工作相对湿度	5%～95%

6. GCUa/GCGa 单板

（1）GCUa/GCGa 单板功能

GCUa/GCGa 单板用于完成时钟功能。

GCUa/GCGa 单板完成以下功能：

1）从外同步定时接口和线路同步信号中提取定时信号并进行处理，为整个系统提供定时信号并输出参考时钟。

2）完成系统时钟的锁相和保持功能。

3）产生系统所需的 RFN 信号。

4）提供单板主、备倒换功能。备板时钟相位跟踪主板时钟相位，主、备倒换时保证输出时钟相位平滑。

除以上功能，GCUa/GCGa 单板还具备以下功能：完成 GPS 星卡授时/定位信息的接收和处理。

（2）GCUa/GCGa 单板面板及接口说明

GCUa/GCGa 单板面板上包含了指示灯以及接口，GCUa 单板和 GCGa 单板面板的指示灯以及接口相同。

GCUa/GCGa 单板面板示意图如图 1-14 所示。

GCUa/GCGa 单板指示灯说明见表 1-15。

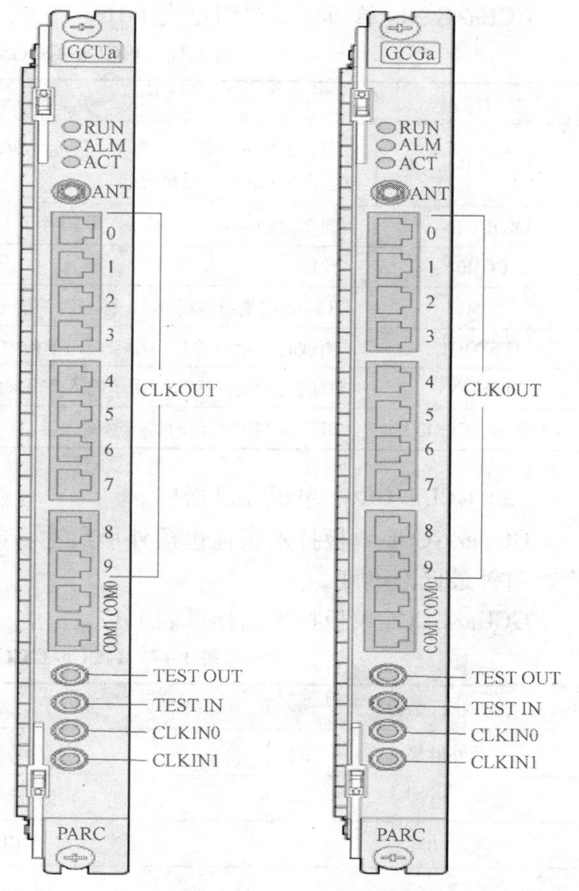

图 1-14　GCUa/GCGa 单板面板示意图

表 1-15　GCUa/GCGa 单板指示灯说明

指示灯名称	颜色	状态	含义
RUN	绿色	1s 亮，1s 灭	单板正常运行
		0.125s 亮，0.125s 灭	单板处于加载状态
		2s 亮，2s 灭	单板处于测试状态
		常亮	有电源输入，但单板存在故障
		常灭	无电源输入或单板处于故障状态

（续）

指示灯名称	颜色	状态	含义
ALM	红色	常灭	无告警
		常亮或闪烁	告警状态，表明在运行中存在故障
ACT	绿色	常亮	单板处于主用状态
		常灭	单板处于备用状态

GCUa/GCGa 单板接口说明见表 1-16。

表 1-16　GCUa/GCGa 单板接口说明表

接口标识	用　途	接口类型
ANT	GPS 卫星天线接口，用于 GCGa 单板接收 GPS 卫星系统传送的定时定位信息。GCUa 单板不使用此接口	SMA 公头
CLKOUT 0 ~ 9	同步时钟信号输出接口，共 10 个，用于输出时钟信号	RJ-45
COM0	预留	RJ-45
COM1	RS442 电平形式的 8kHz 标准时钟信号接口	RJ-45
TESTOUT	测试时钟输出接口，用于输出单板内部时钟信号	SMB 公头
TESTIN	测试时钟输入接口，用于输入 2MHz 信号	SMB 公头
CLKIN0、CLKIN1	BITS 时钟和线路时钟信号输入接口	SMB 公头

（3）GCUa/GCGa 单板技术指标

GCUa/GCGa 单板技术指标包括外形尺寸、电源、功耗、重量、工作温度、工作相对湿度、时钟最低准确度。

GCUa/GCGa 单板技术指标见表 1-17。

表 1-17　GCUa/GCGa 单板技术指标

指标名称	指　标　值
外形尺寸	366.7mm × 220mm
电源	两路冗余备份的 DC -48V（由插框背板提供）
功耗	GCUa 单板：20W；GCGa 单板：25W
重量	GCUa 单板：1.1kg；GCGa 单板：1.18kg
长期工作温度	0 ~ 45℃
短期工作温度	-5 ~ 55℃
长期工作相对湿度	5% ~ 85%
短期工作相对湿度	5% ~ 95%
时钟精度等级	三级

7. 线缆

（1）光纤

光纤，如图 1-15 所示。

图 1-15　光纤

光纤用于连接 AOUa/AO1a/POUa/PO1a/OIUa/GOUa 单板、光纤配线架（ODF）或其他网元，光纤在 RNC 中选配，配置数目根据需要确定。

根据光纤两端连接器不同，光纤可以分为：LC/PC-FC/PC 单模/多模光纤、LC/PC-LC/PC 单模/多模光纤、LC/PC-SC/PC 单模/多模光纤。

光接口板的光纤连接器是 LC/PC，根据对端接口，光纤另一端可以选择 LC/PC、SC/PC、FC/PC 连接器。

（2）GPS 时钟输入信号线

GPS 时钟输入信号线用于将 GPS/GLONASS 卫星时钟信号传送到时钟板 GCU，该信号经过时钟板处理后提供给系统使用。

线缆结构：将 1m 长的 GPS 时钟输入信号线的 N 母型连接器与 2.5m 长的 GPS 跳线的 N 公型连接器对接，可组成一根长为 3.5m 的 GPS 时钟输入信号线。将此线缆的 SMA 公型连接器连接至 GCU 单板面板上的“ANT”接口，另一端的 N 母型连接器连接至机顶避雷器“Protect”接口。

五、课后习题

1. RNC 有几种机柜？分别是什么？
2. RSS 框与 RBS 框中插入的单板有何区别？
3. RNC 设备每个机框中有多少个槽位？
4. SCU 单板的作用是什么？
5. SPU 和 DPU 单板的作用分别是什么？

实验二　WCDMA-RAN 仿真软件使用

一、实验目的

了解并掌握讯方 WCDMA-RAN 仿真软件的使用及实验模式。

二、实验器材

实验终端电脑若干台（已安装讯方通信 WCDMA-RAN 仿真软件并获取许可文件）。

三、实验内容说明

通过对仿真软件的介绍，掌握通过仿真软件模拟调试华为 BSC6810 的能力。本实验主要介绍仿真软件的使用和观看内部视频教程。

四、实验步骤

（一）软件基础部分

1. 登录软件系统

双击桌面的快捷方式“　”，然后出现登录窗口，输入通用的用户名、密码（用户名：wcdma；密码：88866500），如图 2-1 所示。

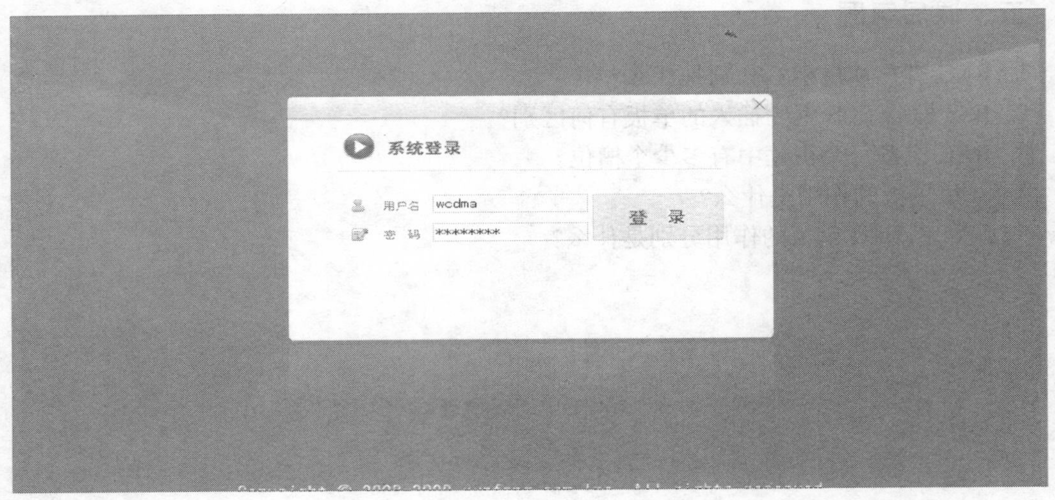

图 2-1　登录窗口

进入软件欢迎界面，如图 2-2 所示。

图 2-2　软件欢迎界面

双击图 2-2 圆圈所示位置，进入通信实验大楼，如图 2-3 所示。

图 2-3　通信实验大楼

进入大厦第二层，第二层是 WCDMA、TD-SCDMA、CDMA2000 和 GSM 楼层，如图 2-4 所示。

图 2-4　大厦第二层

进入第二层后，如图 2-5 所示。

图 2-5　第二层机房

选择 WCDMA 机房，鼠标单击进入后，显示机房操作维护台如图 2-6 所示。

图 2-6　机房操作维护台

双击图 2-6 所示的“进入机房”按钮，进入 RNC 设备机房，如图 2-7 所示。

图 2-7　RNC 设备机房

单击 RNC，进入设备机框图，然后单击机框，出现单板详细面板，将鼠标放在单板上就可以看到单板介绍，如图 2-8 所示。

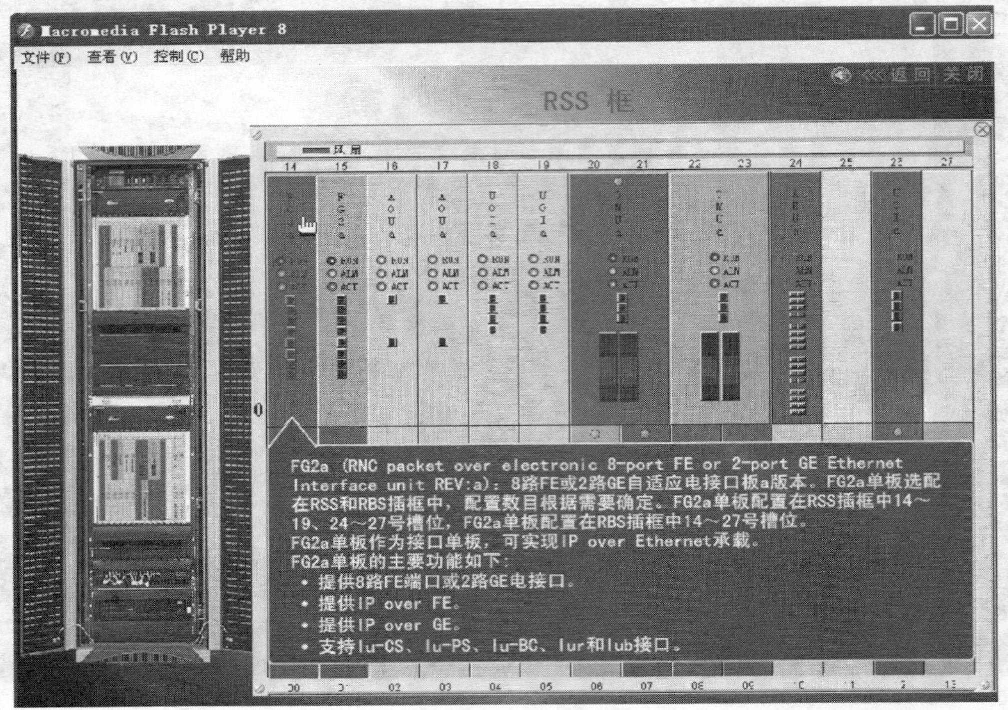

图 2-8　单板详细面板

2. NodeB 设备安装演示

单击图 2-8 右上角的【返回】，就可以进入设备机框，如图 2-9 所示。

图 2-9　设备机框

单击 NodeB，进入设备的安装演示，如图 2-10 所示。

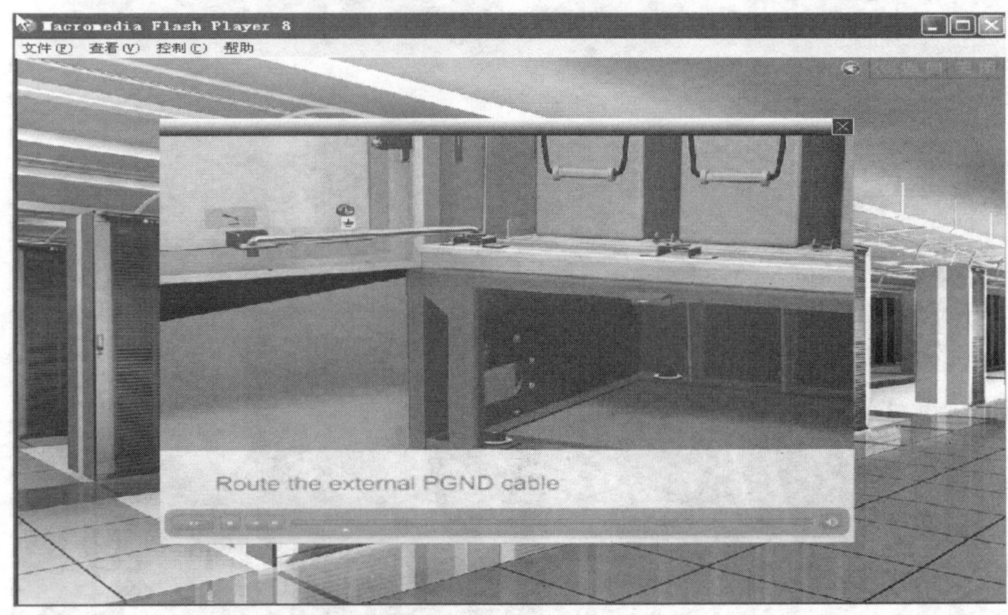

图 2-10　设备的安装演示

3. 顶楼天线

顶楼天线如图 2-11 所示。

图 2-11　顶楼天线

单击上走线架，进入天台，再单击天线，出现基站安装视频演示画面，如图 2-12 所示。

图 2-12 基站安装演示

右键单击图 2-12 中右下角，可以选择放大播放模式，如图 2-13 所示。

图 2-13 放大播放模式

4. 终端维护台

返回到 RNC 操作维护台的界面，如图 2-14 所示。

图 2-14　RNC 操作维护台界面

单击桌面【RNC 操作维护终端】，进入维护终端内部界面，如图 2-15 所示。

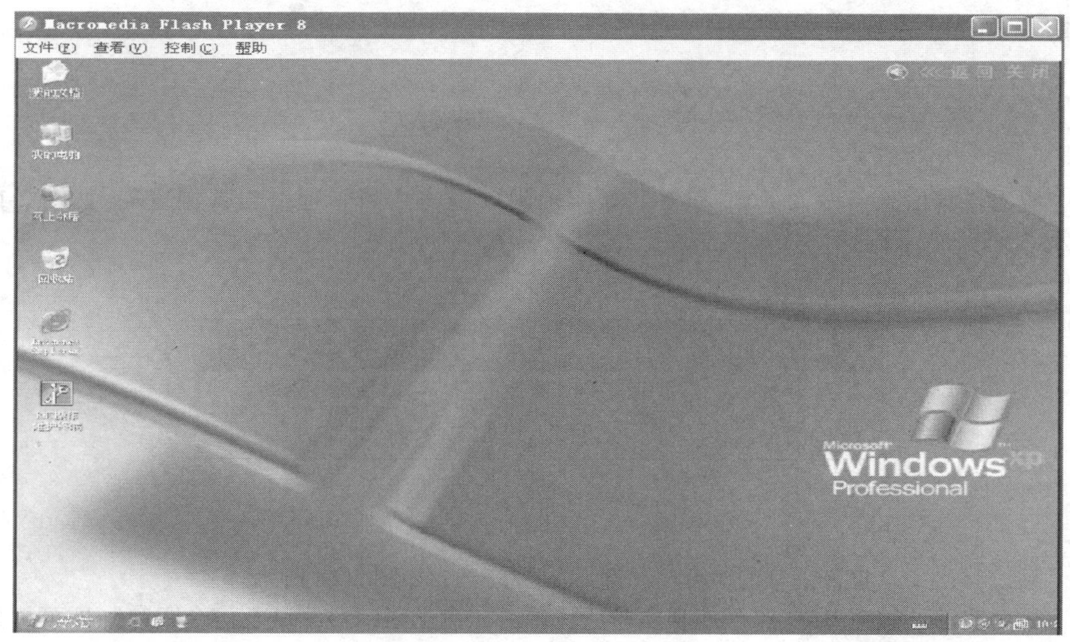

图 2-15　RNC 操作维护终端内部界面

5. WCDMA_ Client 界面

在图 2-15 中，双击“RNC 操作维护终端”图标，进入 WCDMA_Client 界面，如图 2-16 所示。

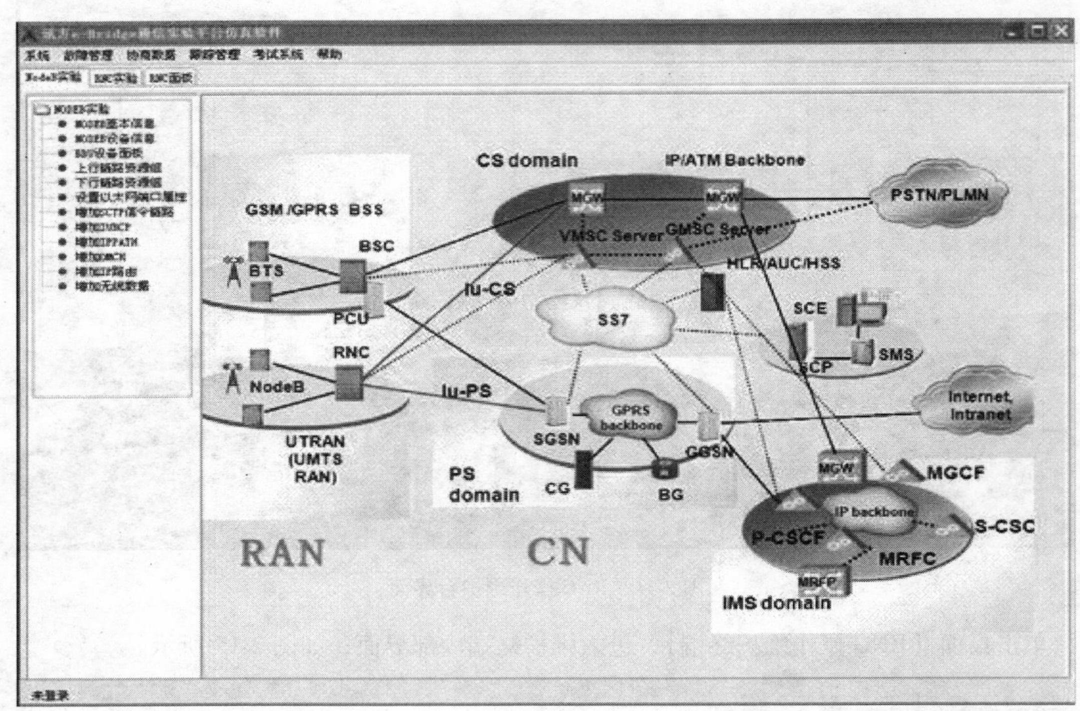

图 2-16 WCDMA_ Client 界面

查看告警信息：做完 RNC 和 NodeB 实验后单击“故障管理→告警浏览”，如图 2-17 所示。

讯方e-Bridge通信实验平台仿真软件
系统 故障管理 协商数据 跟踪管理 考试系统 帮助
NodeB 告警浏览 RNC面板

图 2-17 告警浏览

系统弹出一个告警信息的对话框，显示告警信息，如图 2-18 所示。

信令跟踪：做完 RNC 和 NodeB 实验后，单击“测试跟踪→测试及信令跟踪”即可拨打电话测试，如图 2-19 所示。

告警浏览

流水号	告警名称	告警级别	告警时间	告警ID
1	反向维护通道建立失	一般	2009-04-25	6011
2	频点不一致	重要	2009-04-25	6013
3	传输类型错误，接口	重要	2009-04-25	6001
4	LMT与NODEB通信失败	重要	2009-04-25	6002
5	NODEB与RNC无法通	重要	2009-04-25	6004

图 2-18　显示告警信息

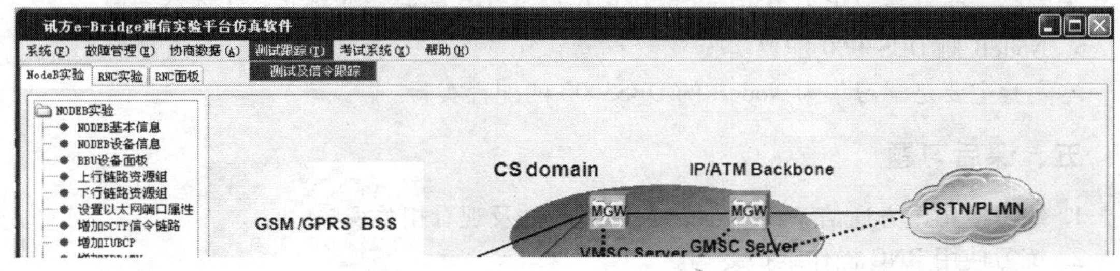

图 2-19　测试跟踪

弹出的窗口如图 2-20 所示，在其中可以跟踪 UU 接口、Iub 接口和 Iu 接口的信令。

（二）WCDMA 仿真实验部分

本 WCDMA 仿真软件可以进行如下实验操作：

1. RNC 侧全局及设备调试配置实验

本实验主要是学习华为 RNC 的 BSC6810 的全局和设备配置，初步掌握 BSC6810 的结构组成等。

2. RNC 侧 Iu-CS 接口调试配置实验

本实验主要是学习华为 RNC 的 BSC6810 与 CS 域的对接调测。

3. RNC 侧 Iu_PS 接口调试配置实验

本实验主要是学习华为 RNC 的 BSC6810 与 PS 域的对接调测。

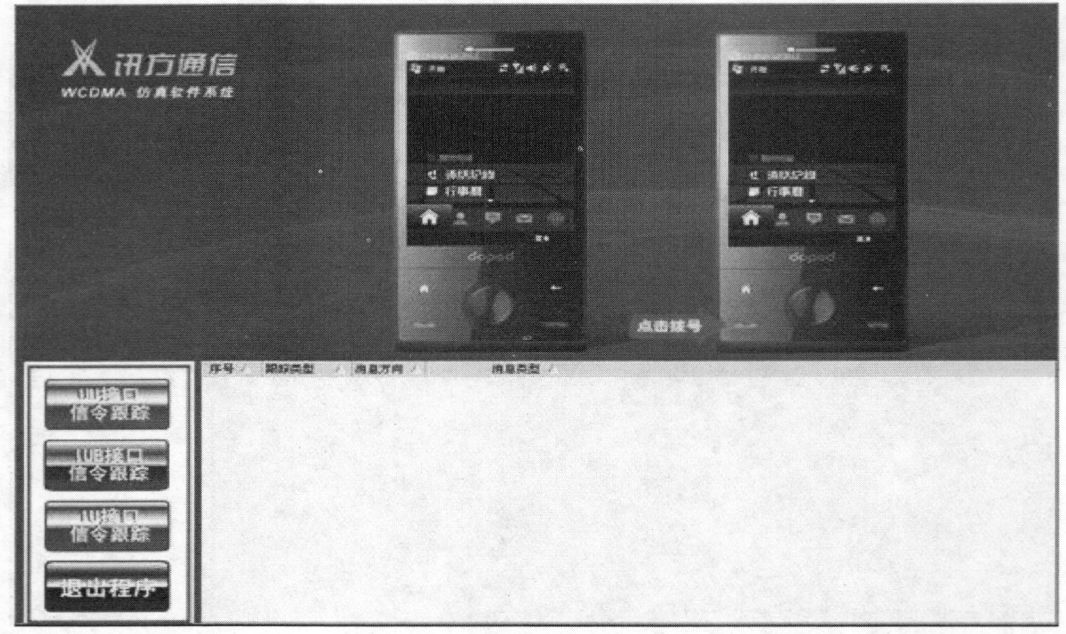

图 2-20　信令跟踪

4. RNC 侧 Iub 接口及无线侧调试配置实验

本实验主要是学习华为 RNC 的 BSC6810 与 NodeB 的对接调测及无线部分数据。

5. NodeB 侧 DBS3900 配置实验

本实验主要是学习华为 NodeB 的 DBS3900 的配置实验。

五、课后习题

1. 练习使用讯方通信 WCDMA-RAN 仿真软件及观看相关视频。
2. 练习使用 RNC 操作维护终端。

实验三　华为 RNC LMT 应用软件介绍

一、实验目的

安装 RNC LMT 应用软件后，如何启动、配置、使用和退出是本实验要掌握的内容。通过本实验练习，学生可以知道如何向 RNC 加载数据，以及查看输出结果。

二、实验器材

WCDMA-RNC 设备：BSC6810。

WCDMA-NodeB 设备：DBS3900。

实验终端电脑若干台（已安装华为 RNC LMT 应用软件）。

三、实验地点

WCDMA 机房。

四、实验步骤

1. 连通 RNC LMT 应用软件和 BAM

LMT 可以通过 LAN 或路由器与 BAM 的外网虚拟 IP 地址连接，如图 3-1 所示。

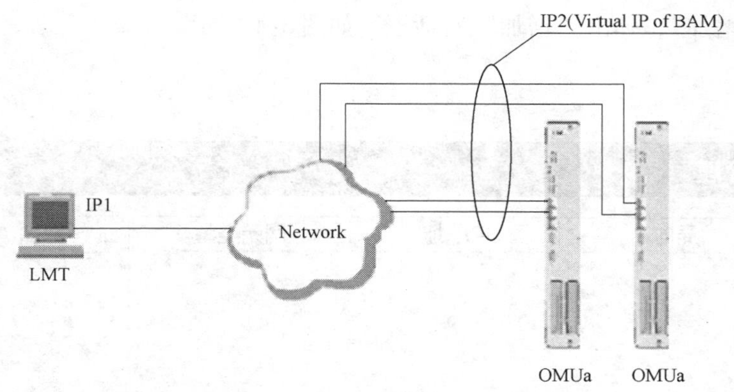

图 3-1　虚拟 IP 地址连接

请记录用于连通操作时的数据：

BAM 虚拟外网 IP 地址：________________________

LMT 的 IP 地址：________________________________

注：实验室机房 RNC 的登录用户名和通用默认密码为：admin 和 BSC6810。

2. 启动 RNC LMT 应用软件本地维护终端

1）选择“开始→所有程序→华为本地维护终端→本地维护终端”，弹出“用户登录”对话框，如图 3-2 所示。

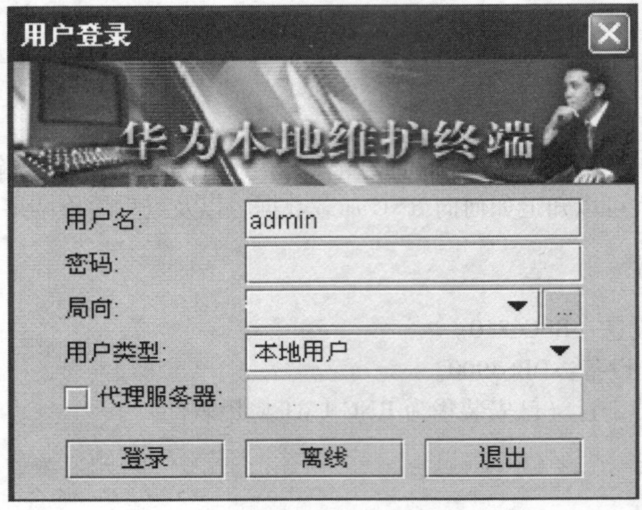

图 3-2 “用户登录”对话框

单击“离线”，可以离线登录本地维护终端。离线登录不需要用户名和密码，通过离线登录，用户不通过登录 BAM 也能使用本地维护终端的部分功能，例如浏览联机帮助。

单击“退出”，可以直接退出本地维护终端。

2）单击图标 ...，弹出“局向管理”对话框，如图 3-3 所示。

3）单击“增加”，弹出“增加”对话框，如图 3-4 所示。

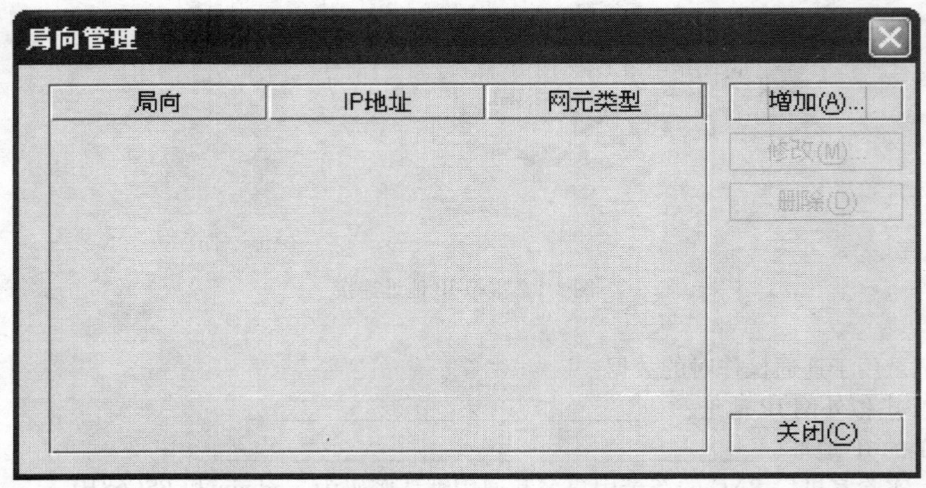

图 3-3 局向管理

4）在“增加”对话框中，定义局向名，输入 BAM 的外网虚拟 IP 地址。单击“确定”按钮，返回“局向管理”对话框，如图 3-5 所示。

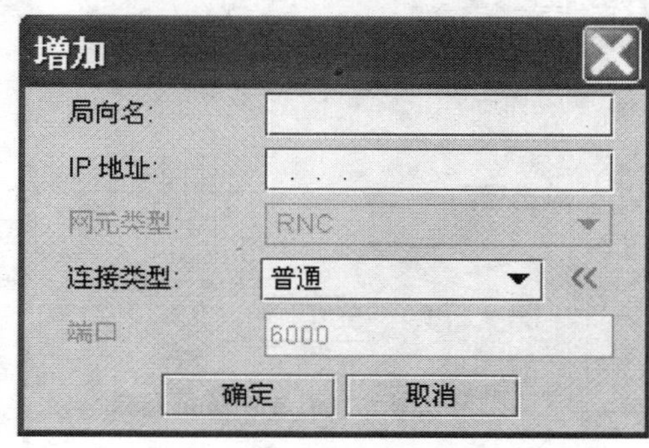

图 3-4　局向增加

5）在“局向管理”对话框中，单击“关闭”，完成局向的配置。

6）输入用户名和密码：admin 和 BSC6810，单击“登录”。进入本地维护终端主界面。

3. 配置 RNC LMT 应用软件本地维护终端属性

（1）设置输出信息最大行数

在本地维护终端系统菜单中选择“系统→系统设置”，如图 3-6 所示。

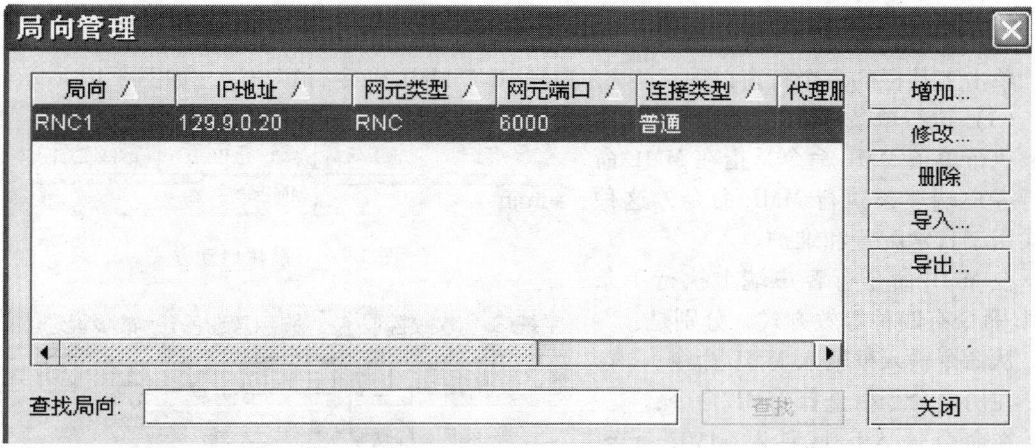

图 3-5　增加局向后的局向管理

在“系统设置”对话框的“输出窗口”标签中，设置“最大行数”值，如图 3-7 所示。

（2）设置终端是否自动锁定

在本地维护终端系统菜单中选择“系统→系统设置”，如图 3-6 所示。

在“系统设置”对话框的“终端”标签中，勾选“自动锁定”，填写自动锁定时间，如图 3-8 所示。

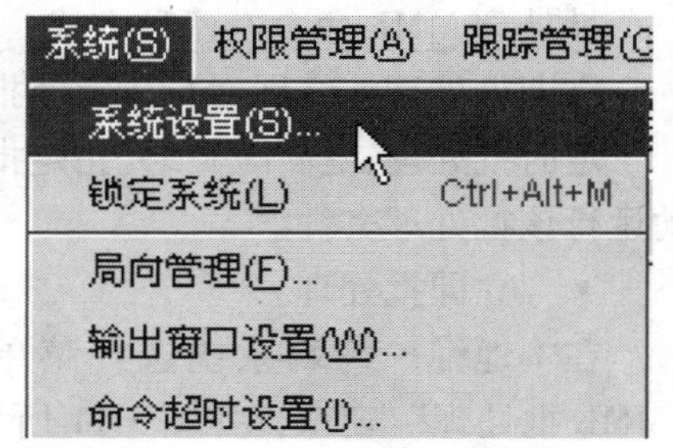

图 3-6　“系统”菜单

4. 启动 RNC MML 命令行客户端

（1）导航树启动方式

单击本地维护终端系统左边导航树窗口下方的“MML 命令”标签，如图 3-9 所示，进入“导航树”窗口。

双击“导航树”窗口内的“MML 命令”节点，启动 RNC MML 命令行客户端。

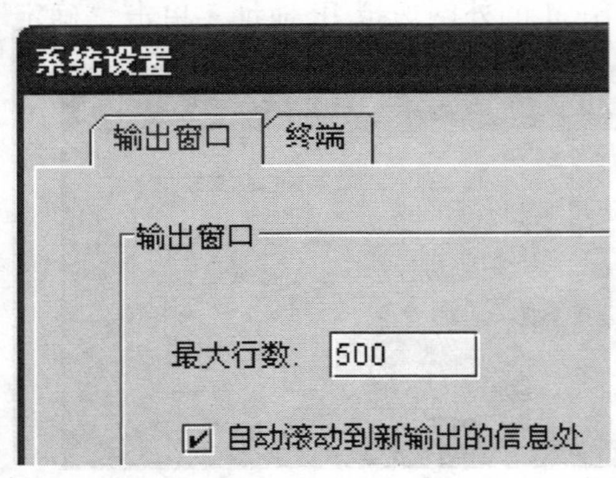

图 3-7 设置“最大行数”值

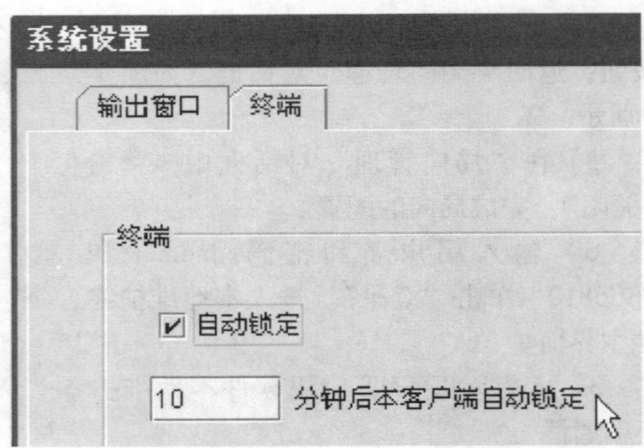

图 3-8 设置终端锁定参数

（2）图标启动方式

单击工具栏的命令行窗口图标，启动 RNC MML 命令行客户端，如图 3-10 所示。

（3）执行单条 MML 命令

执行单条 MML 命令是指在 MML 命令行客户端逐条执行 MML 命令，这种方式用于日常配置和维护。

图 3-9 导航树启动方式

在 MML 命令行客户端上执行单条 MML 命令有四种等效方式，分别是：

从命令输入框输入 MML 命令；

在历史命令框选择 MML 命令；

在命令输入区域粘贴 MML 命令脚本；

在“MML 命令”导航树上选择 MML 命令。

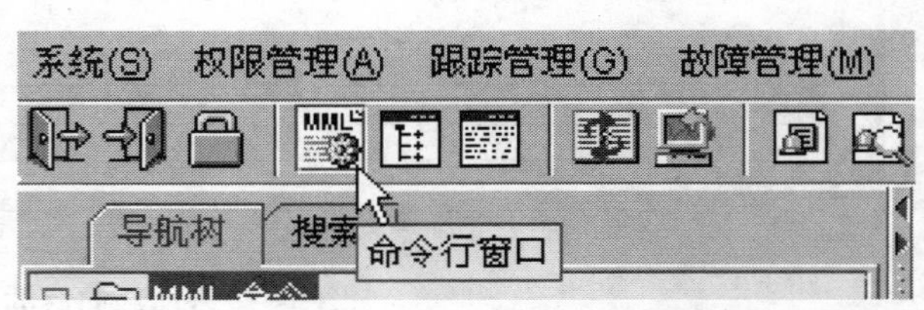

图 3-10 RNC MML 命令行客户端

（4）批处理 MML 命令

批处理 MML 命令有两种方式：立即批处理和定时批处理。

立即批处理：立即运行指定的批处理文件。

定时批处理：操作员预先指定批处理文件运行的日期和时刻，当预设时间到来时系统自动运行该批处理文件。

- 立即批处理

在本地维护终端系统选择菜单“系统→批处理”或使用快捷键“Ctrl + E”，弹出“MML 批处理”窗口，如图 3-11 所示。

在“立即批处理”标签中，单击“新建”按钮，在输入框内输入批处理命令，或单击“打开”选择预先编辑好的批处理文件。

- 定时批处理

在本地维护终端系统选择菜单“系统→批处理”或使用快捷键“Ctrl + E”，弹出

“MML 批处理”窗口，在该窗口中选择“定时批处理”标签。单击“增加”按钮，弹出“增加批处理任务”对话框，如图 3-12 所示。

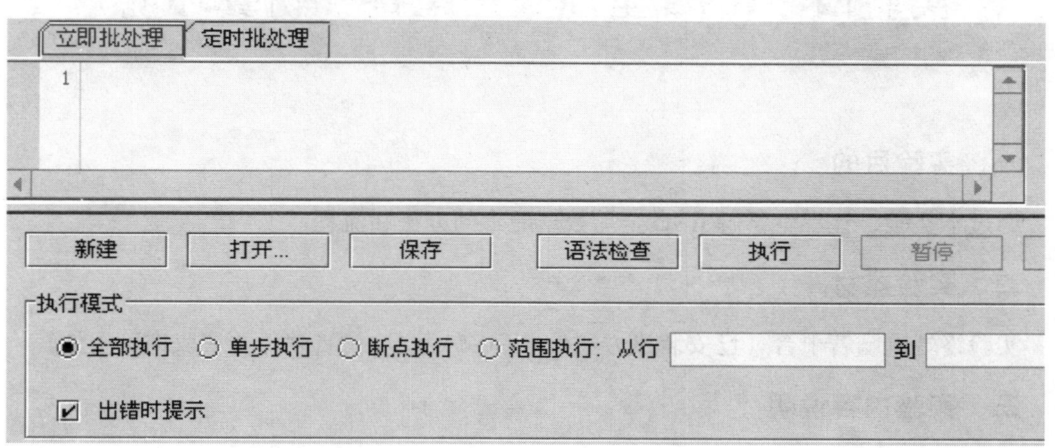

图 3-11 “MML 批处理”窗口

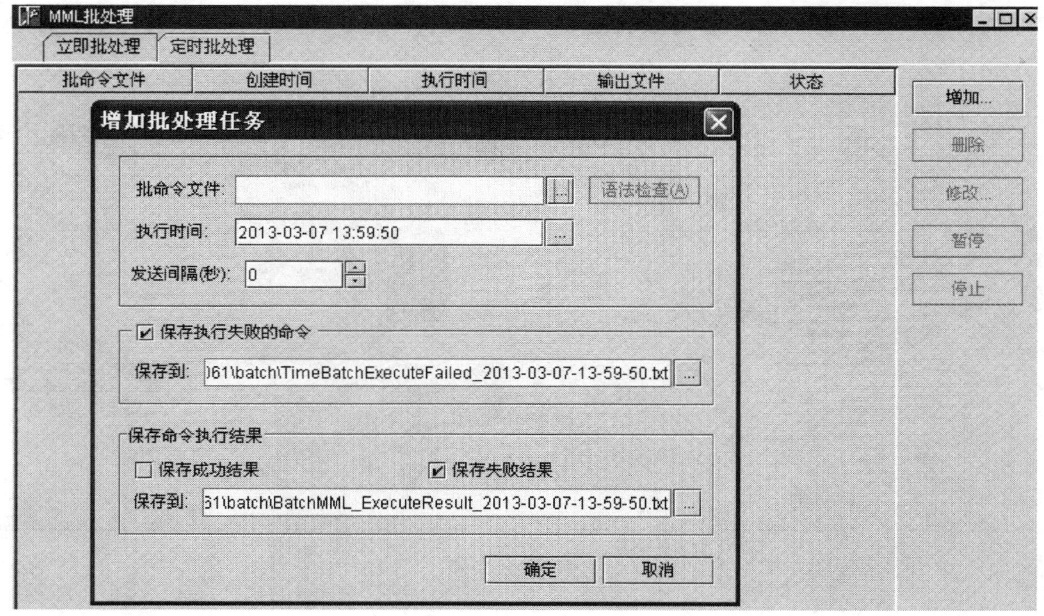

图 3-12 增加批处理任务

选择批命令文件，设定定时批处理执行参数。单击“确定”，等待执行。

五、课后习题

1. 练习连通 RNC LMT 应用软件和 BAM 的方法。
2. MML 命令执行有哪几种方式?
3. 练习使用 RNC LMT 应用软件中的菜单和命令。

实验四　RNC 全局数据配置（仿真环境）

一、实验目的

通过本实验，让学生了解 RNC 全局数据配置的方法和流程。

二、实验器材

实验终端电脑若干台（已安装讯方通信 WCDMA-RAN 仿真软件并获取许可文件）。

三、实验内容说明

RNC 与 NodeB 一同构成移动接入网络 UTRAN，WCDMA 网络组网如图 4-1 所示。

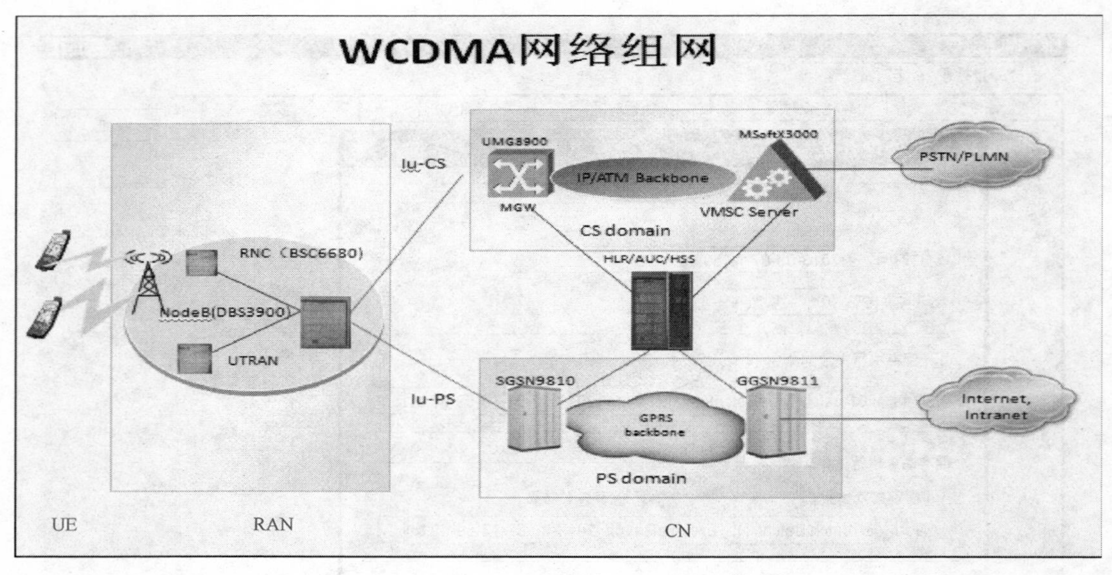

图 4-1　WCDMA 网络组网

在配置其他数据之前，首先必须进行设备基本信息的配置。在做实验之前必须先选择协商参数，才能进行相关操作和测试，本实验选择协商数据 01——站型：S3/3/3，如图 4-2 所示。

RNC 全局协商参数如图 4-3 所示。

设备单板配置要求如图 4-4 所示。

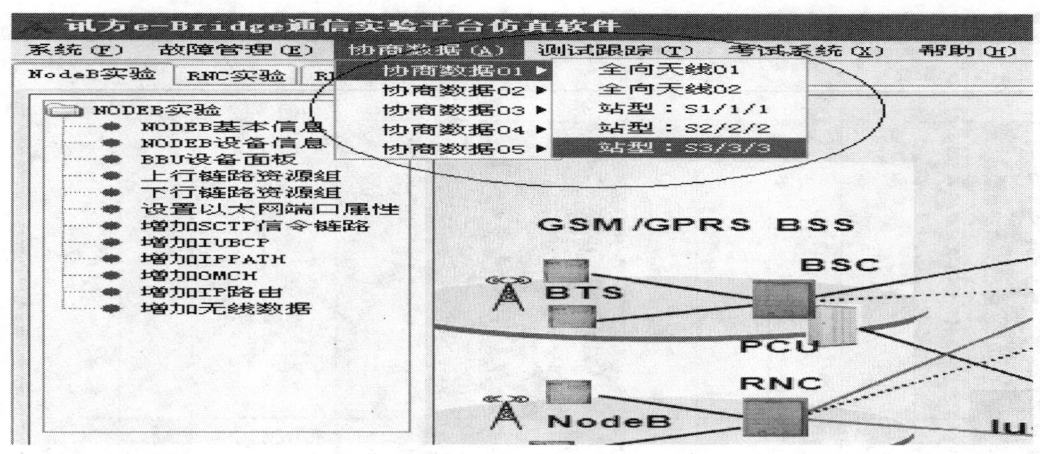

图 4-2　选择协商参数

1. CN 全局协商数据

移动国家码	网络码
460	12

2. RNC 全局协商数据

RNC 标识	RAN 是否共享
15	No

3. 全局位置数据

位置区码	路由区码	CS 服务码	PS服务码
5122	21	1321	1321
5122	21	1322	1322
5122	21	1323	1323

4. RNC 源信令点数据

网络标识	源信令点编码	RNC 信令点标码
NATB	BIT14	H'A12

图 4-3　RNC 全局协商参数

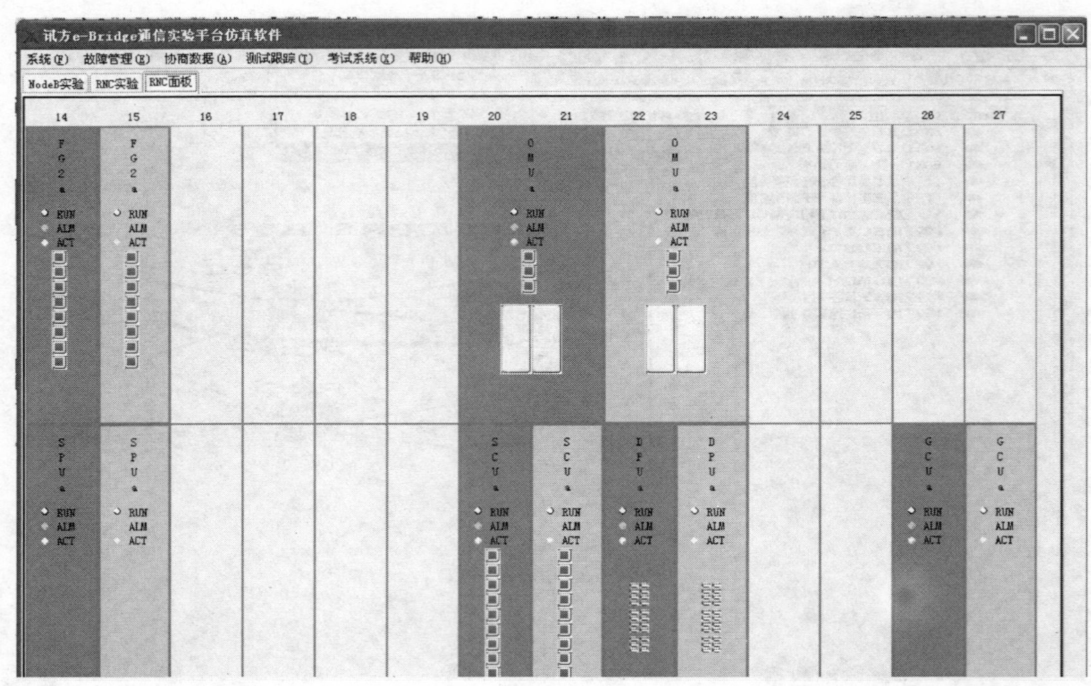

图 4-4 设备单板配置

四、实验步骤

（一）搭建设备硬件

按图 4-4 所示搭建设备单板。

（二）数据配置

1. 配置管理数据

数据配置时需先单击“生成命令”按钮，显示命令全貌，然后单击“执行命令”按钮，显示出命令执行结果。

1）清空数据，命令执行结果如图 4-5 所示。

2）离线控制信令，命令执行结果如图 4-6 所示。

2. 配置全局数据

1）增加运营商标识，如图 4-7 所示。

2）增加本局基本信息，如图 4-8 所示。

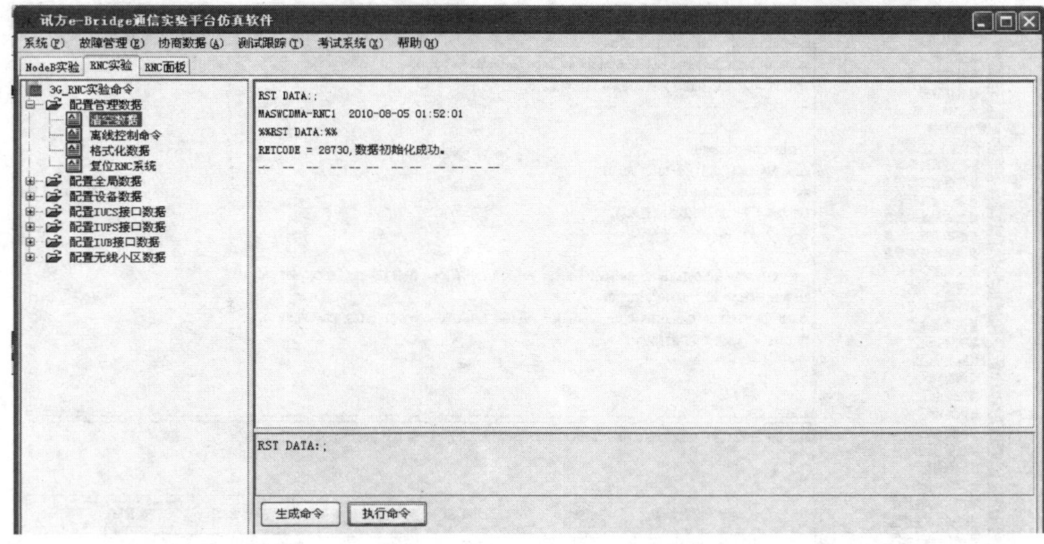

图 4-5　清空数据

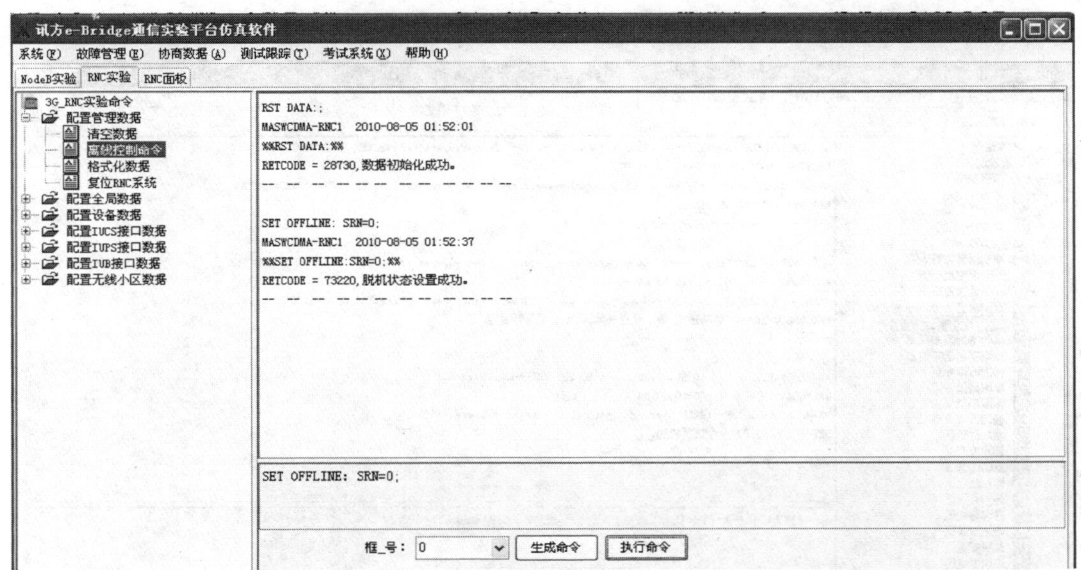

图 4-6　离线控制信令

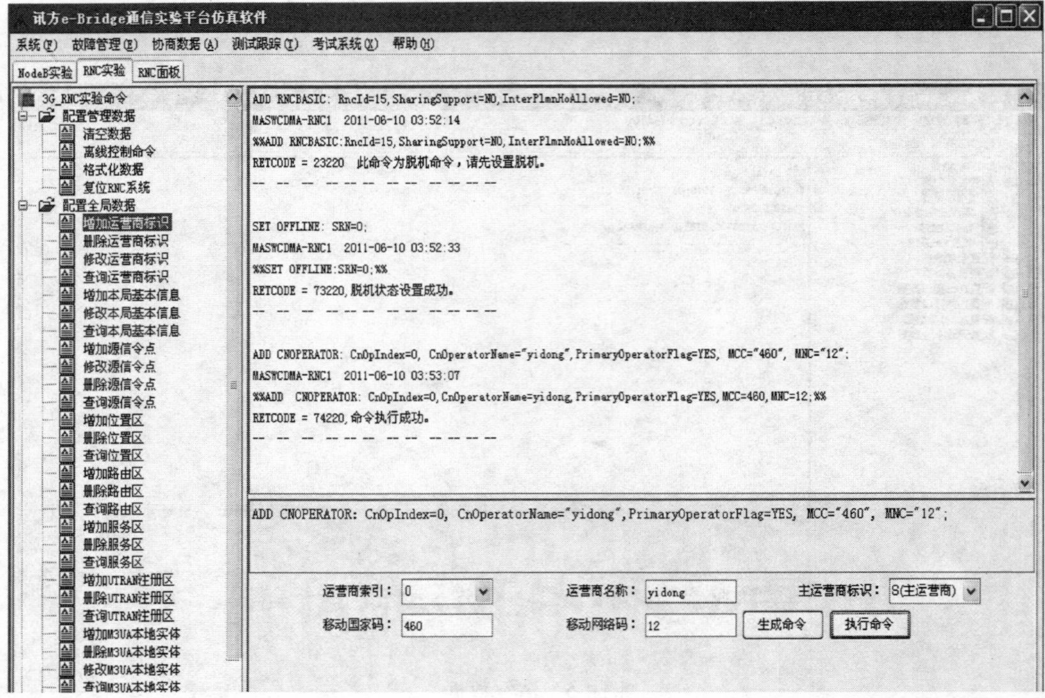

图 4-7 增加运营商标识

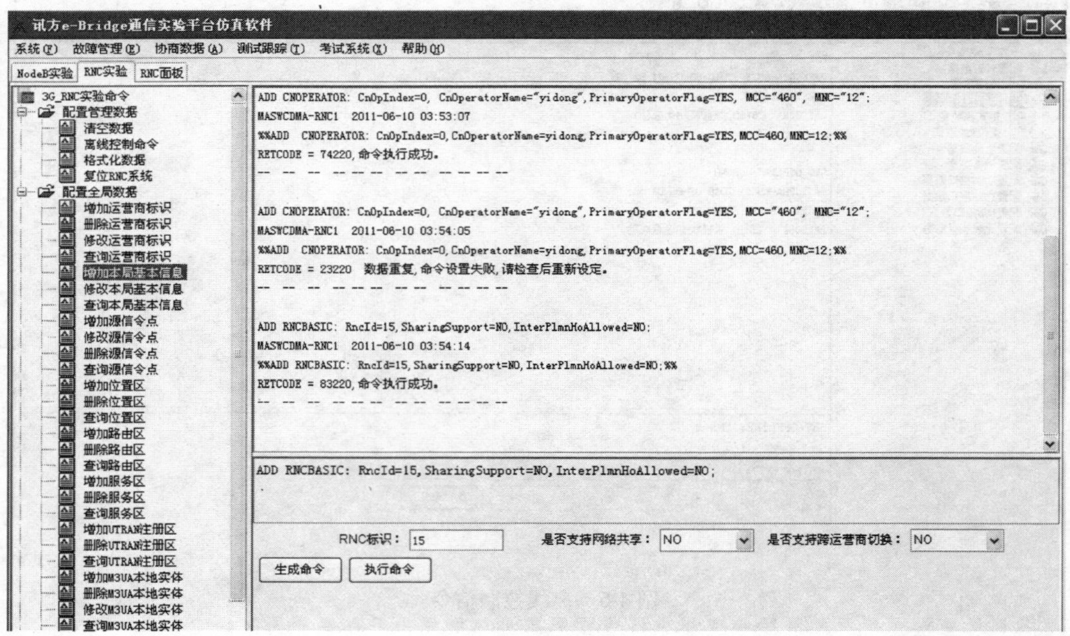

图 4-8 增加本局基本信息

3）增加源信令点，如图 4-9 所示。

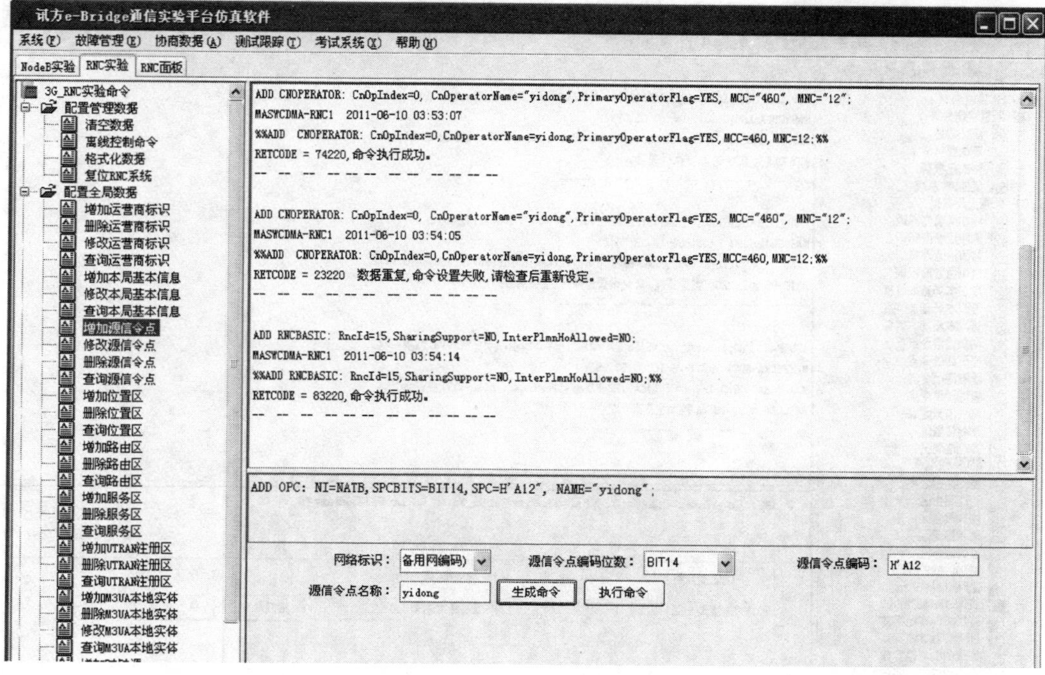

图 4-9 增加源信令点

4）增加位置区，如图 4-10 所示。

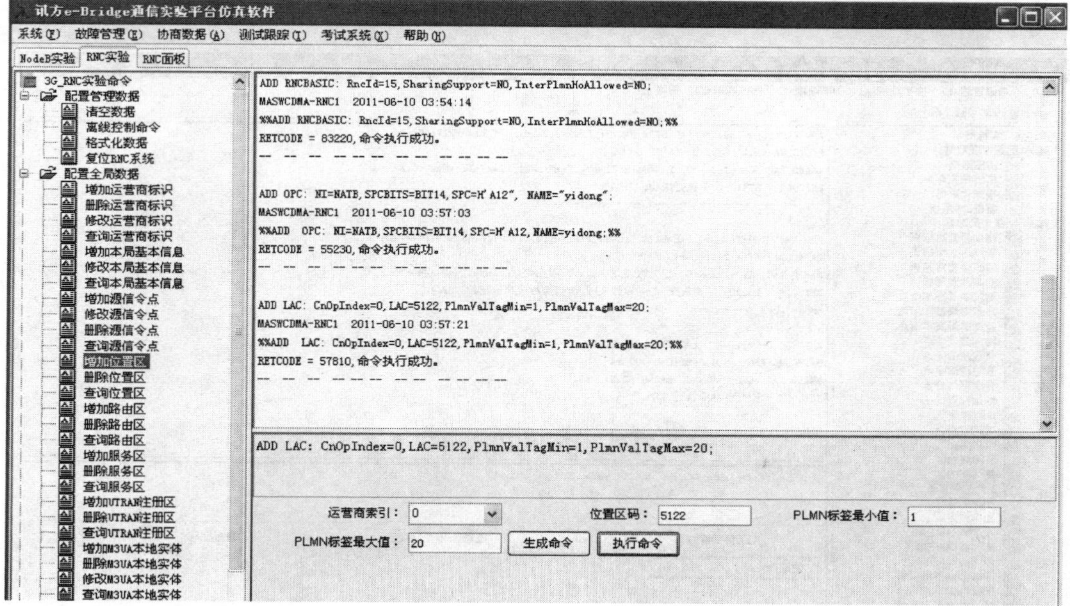

图 4-10 增加位置区

5）增加路由区，如图 4-11 所示。

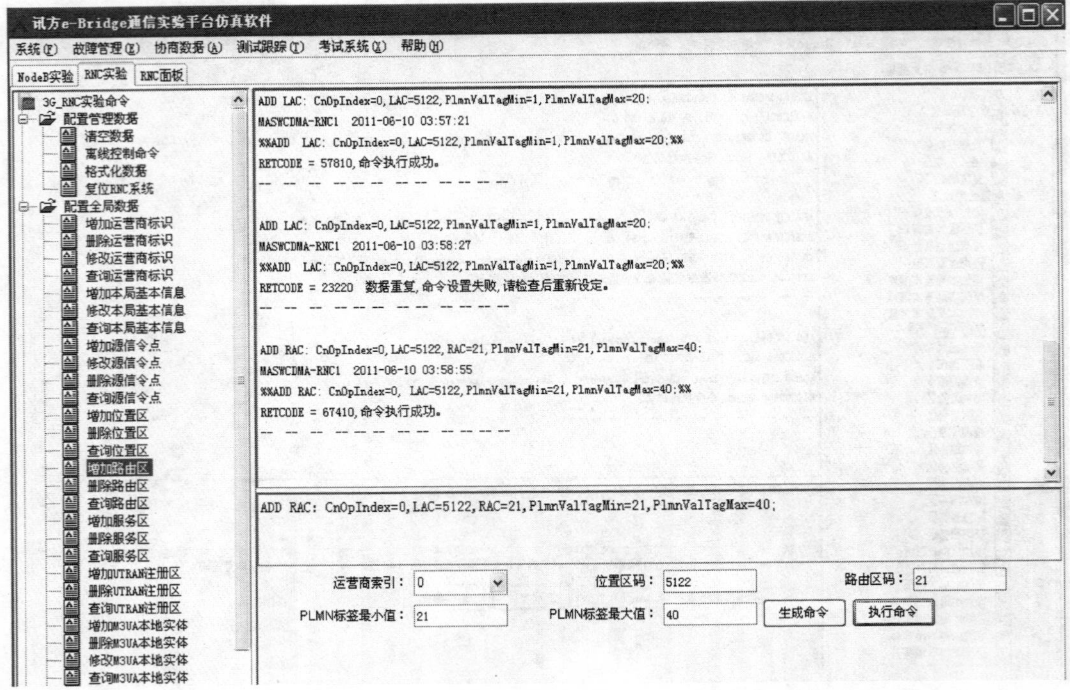

图 4-11　增加路由区

6）增加服务区（3 个），如图 4-12 ~ 图 4-14 所示。

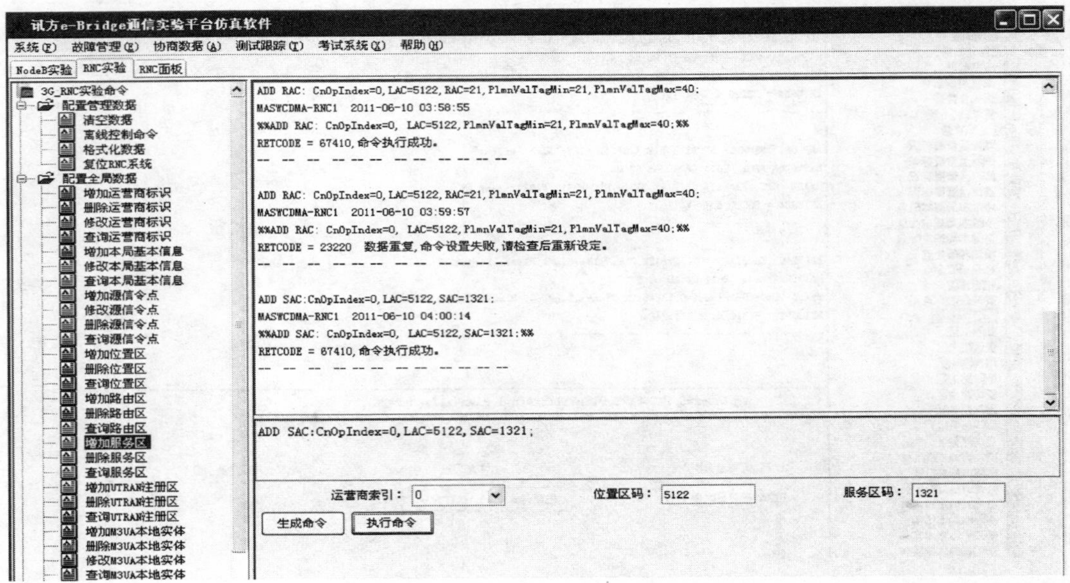

图 4-12　增加服务区（1）

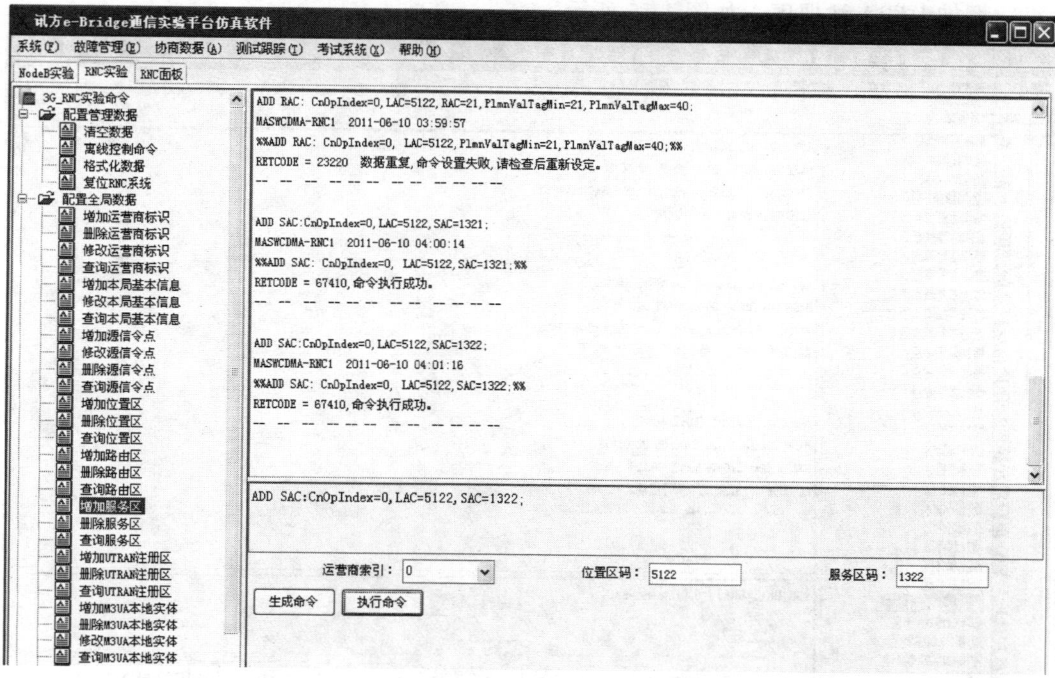

图 4-13　增加服务区（2）

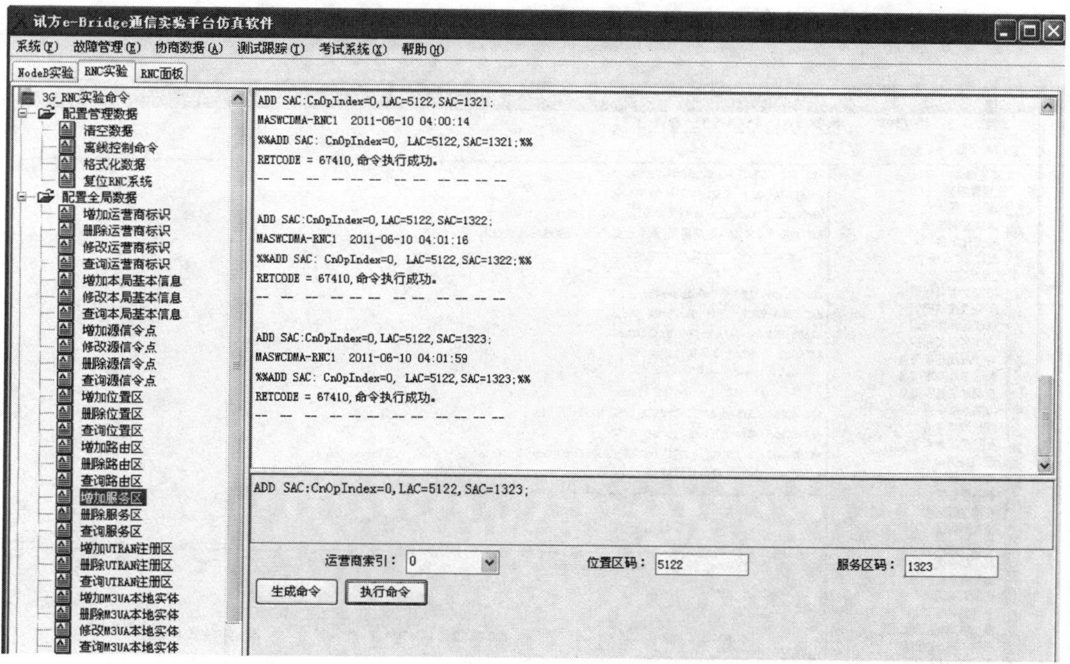

图 4-14　增加服务区（3）

7）增加 UTRA 注册区，如图 4-15 所示。

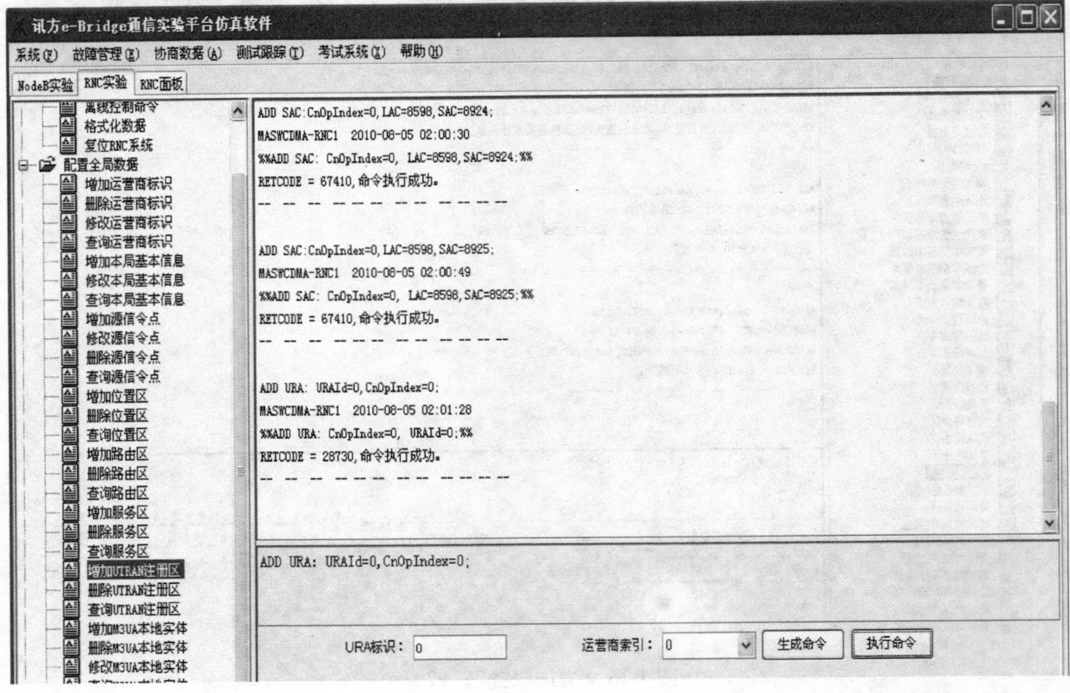

图 4-15　增加 UTRA 注册区

8）增加 M3UA 本地实体，如图 4-16 所示。

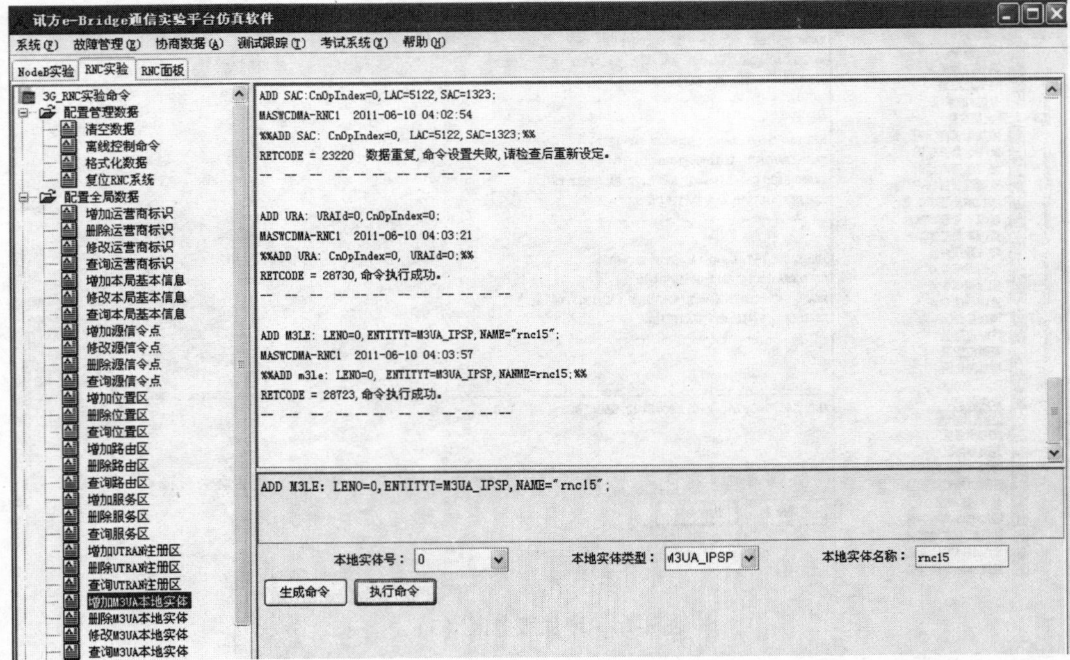

图 4-16　增加 M3UA 本地实体

9）增加时钟源，如图 4-17 所示。

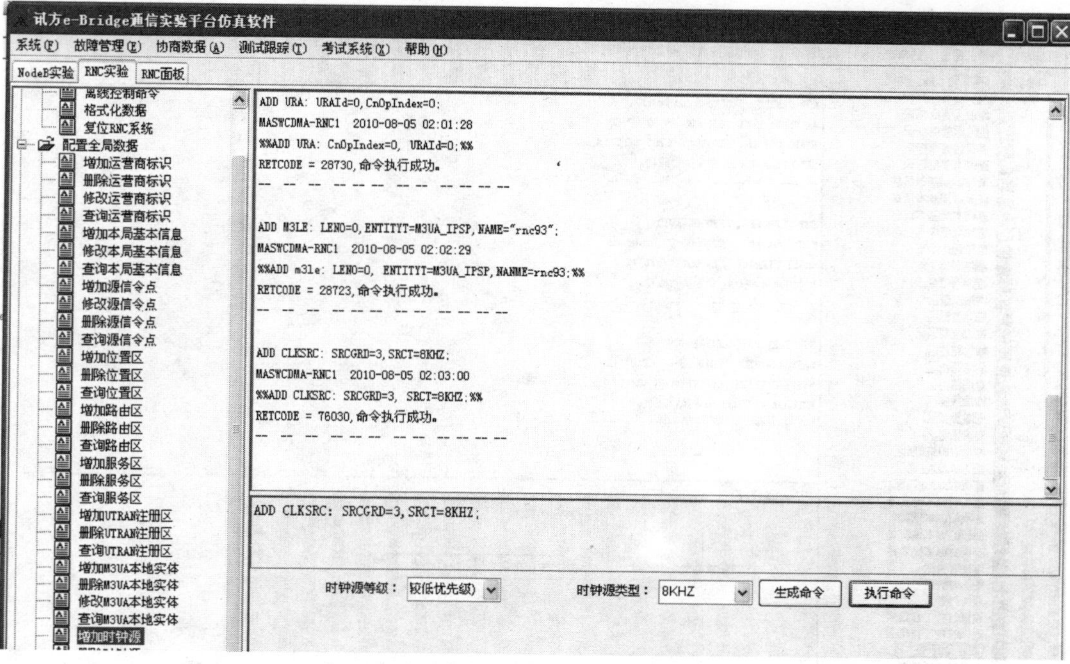

图 4-17 增加时钟源

10）设置时钟工作模式，如图 4-18 所示。

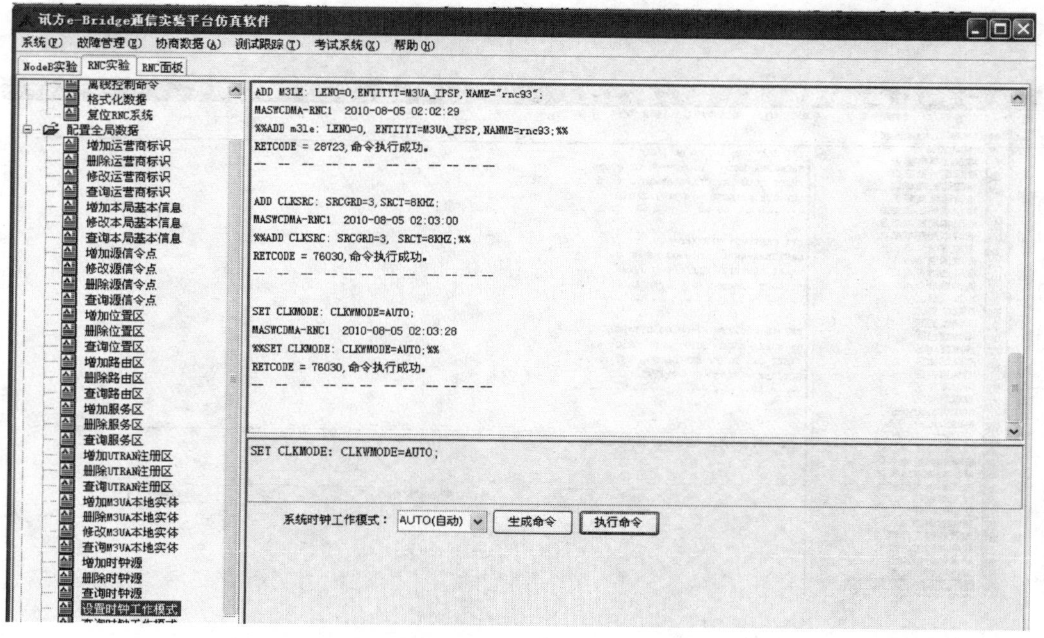

图 4-18 设置时钟工作模式

11）设置时钟板类型，如图 4-19 所示。

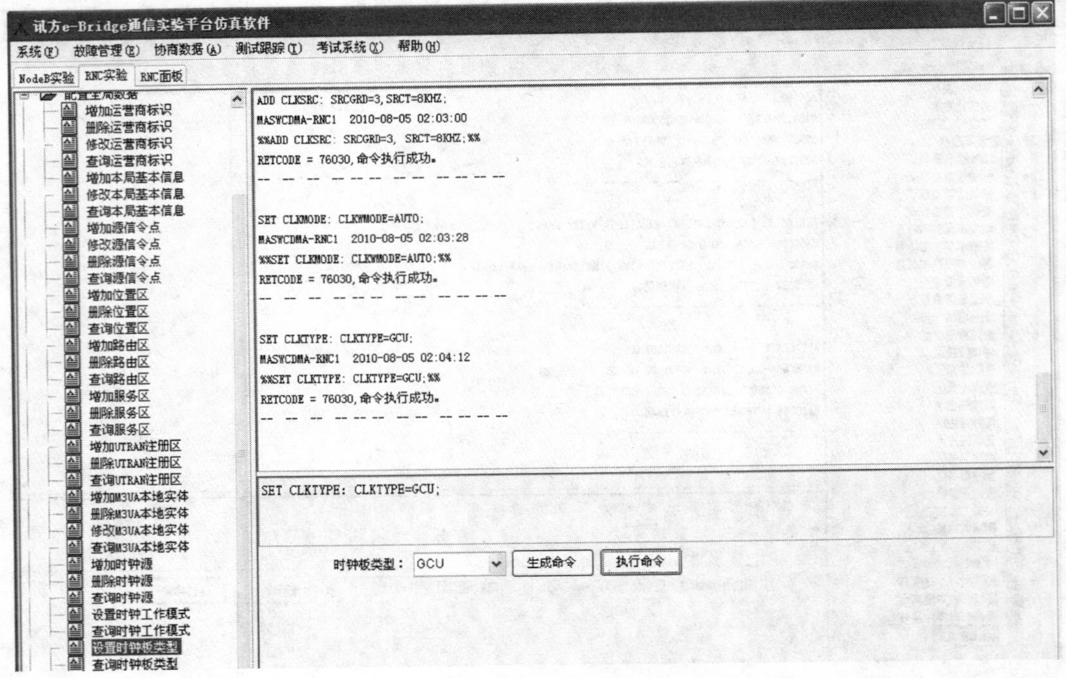

图 4-19　设置时钟板类型

12）设置时区和夏令时信息，如图 4-20 所示。

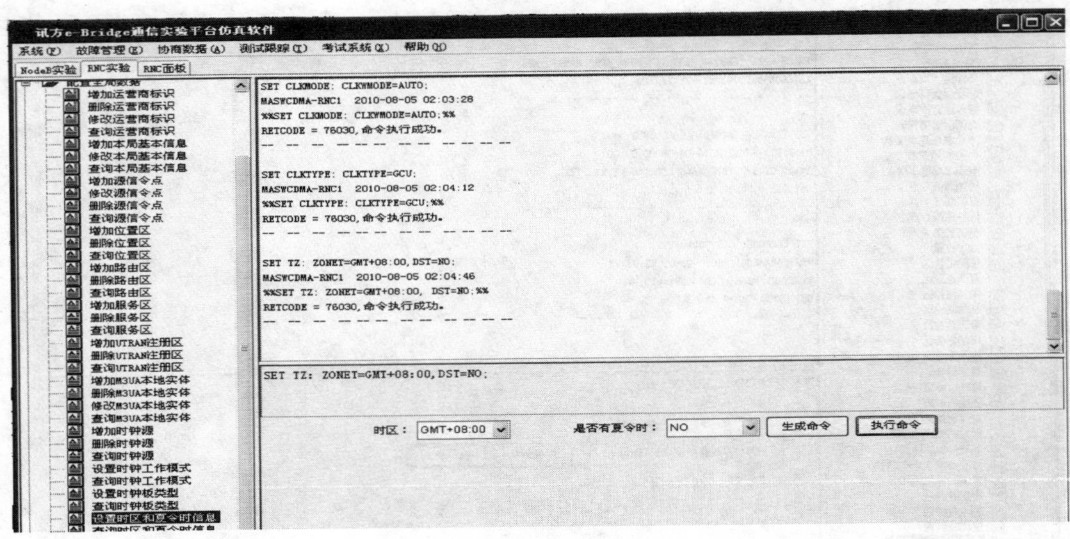

图 4-20　设置时区和夏令时信息

3. 配置设备单板数据

上述命令执行完毕之后，开始进行设备菜单配置。单击“RNC面板”选项卡，按照图 4-4 的设备单板配置要求进行单板调整，如图 4-21 所示。

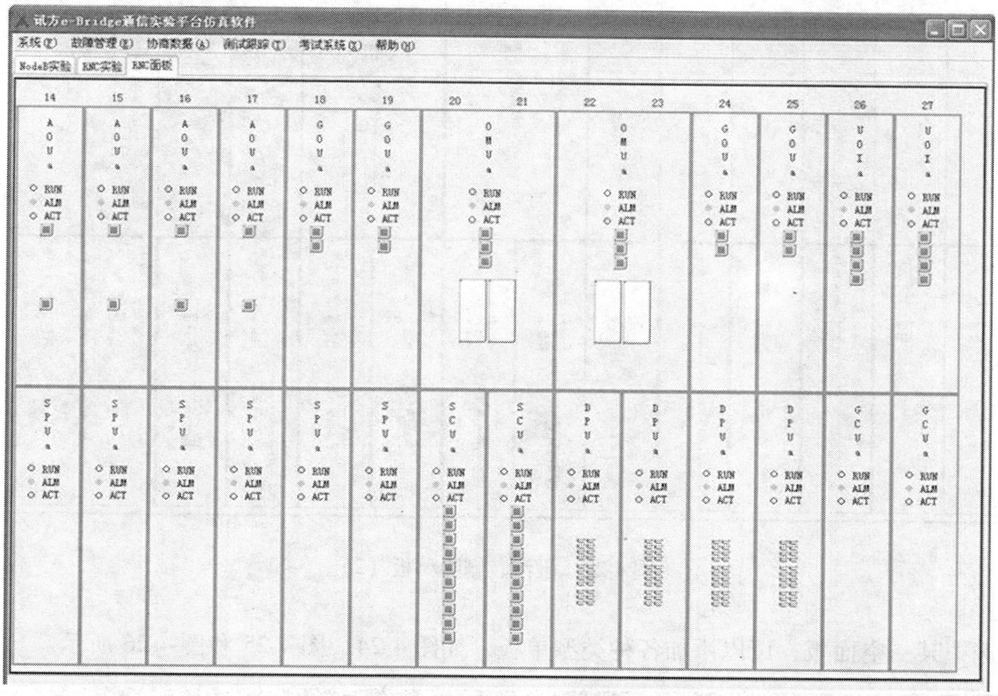

图 4-21　RNC 面板

选中某一块单板，可以激活、删除单板，如图 4-22 和图 4-23 所示。

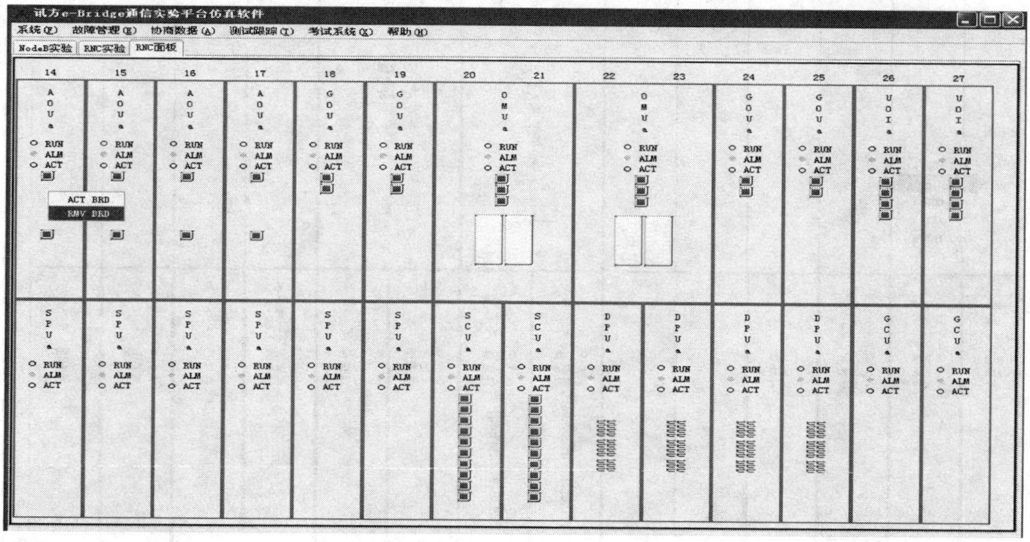

图 4-22　激活、删除单板（1）

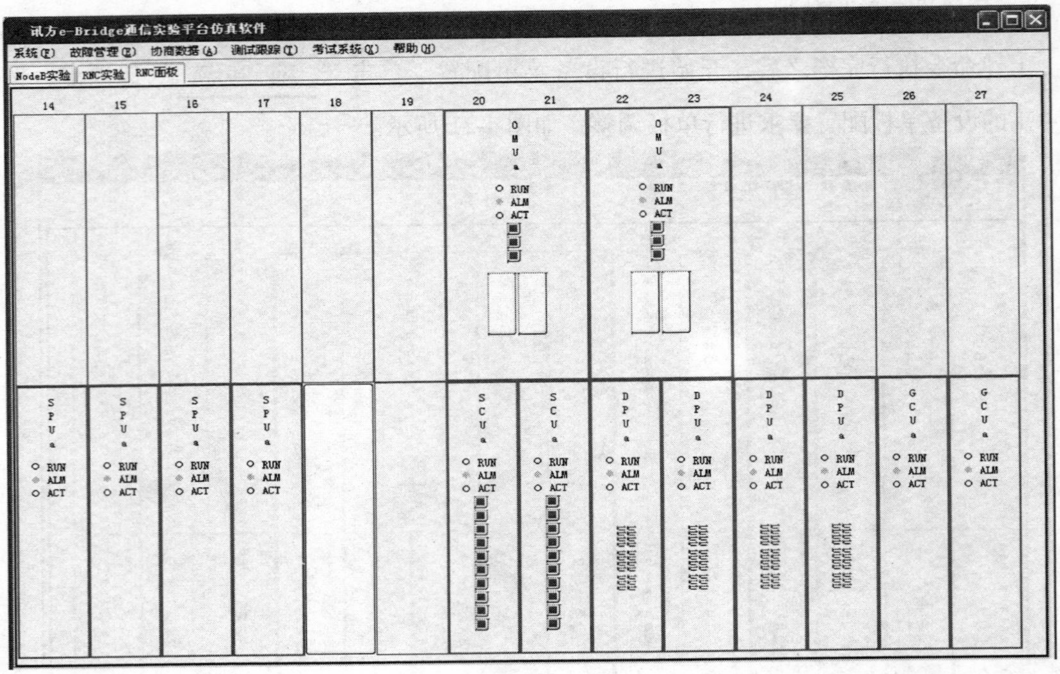

图 4-23　激活、删除单板（2）

选中某一空面板，可以添加各种类型单板，如图 4-24、图 4-25 和图 4-26 所示。

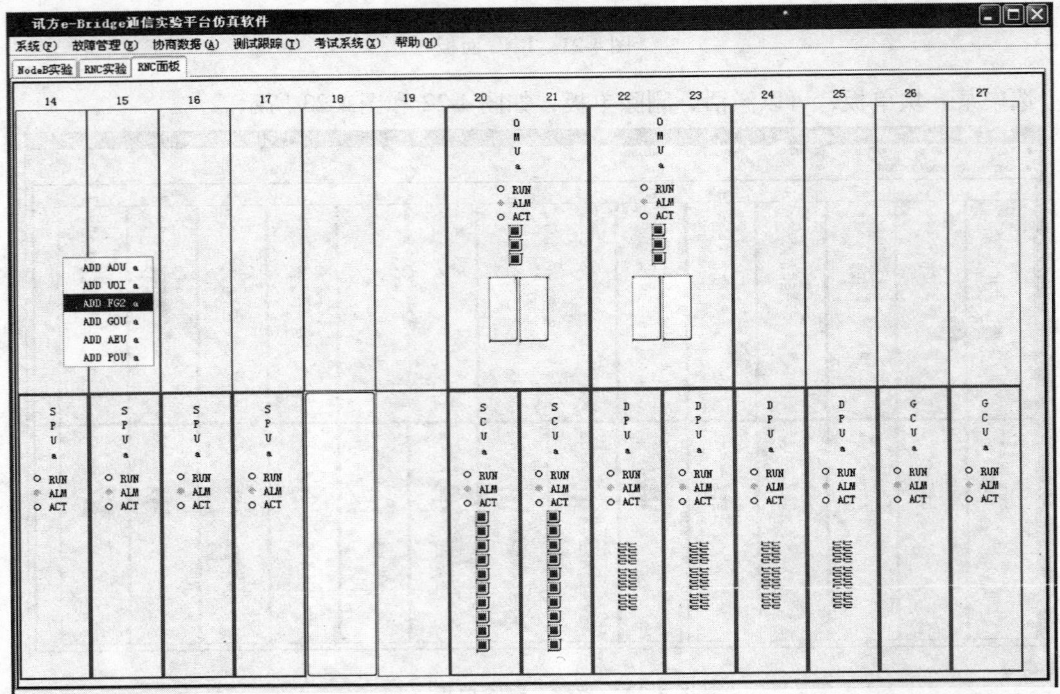

图 4-24　添加单板（1）

图 4-25　添加单板（2）

图 4-26　添加单板（3）

4. 系统复位

单板调整完成后，格式化数据，如图 4-27 所示。

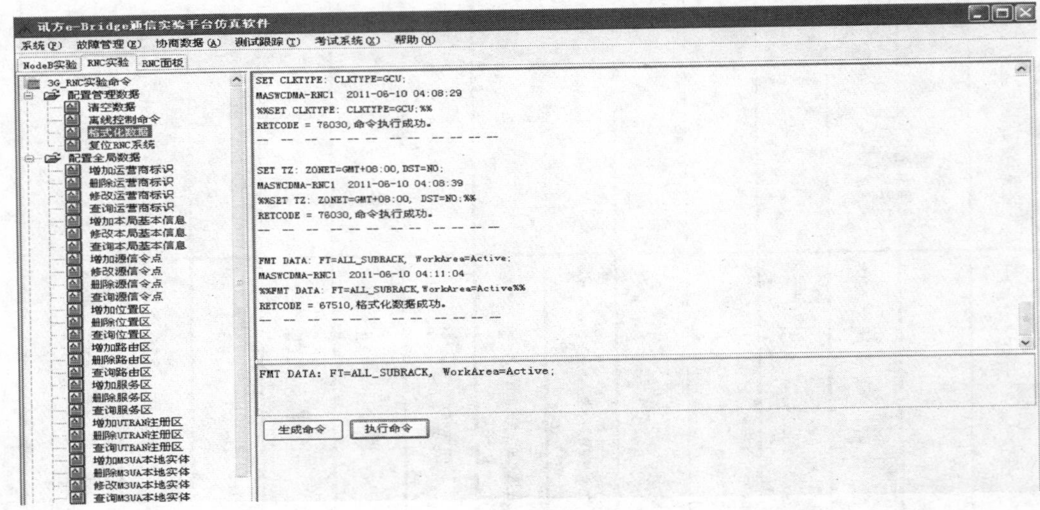

图 4-27　格式化数据

然后填入 RNC 标识号，进行 RNC 系统复位，如图 4-28 所示。

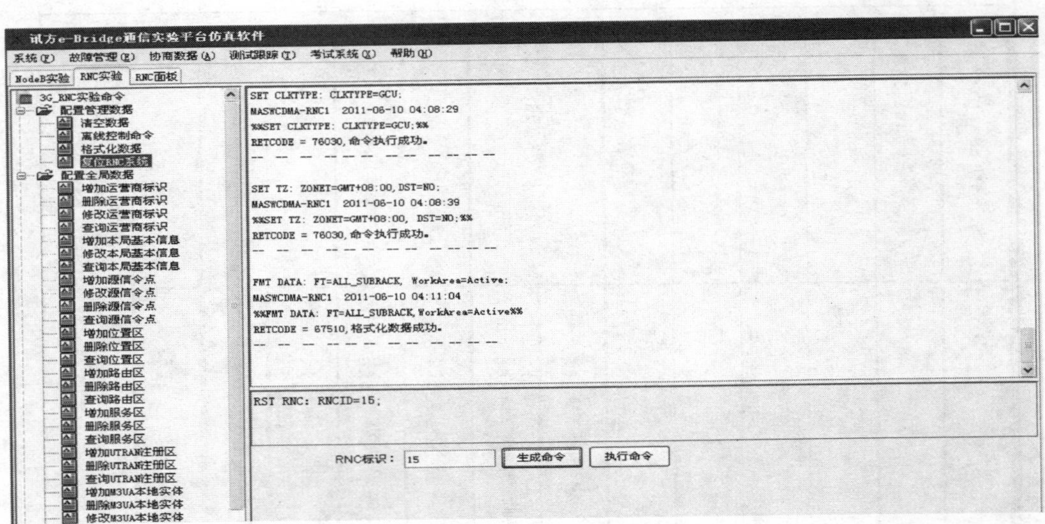

图 4-28　复位 RNC 系统

系统复位等待，如图 4-29 所示。

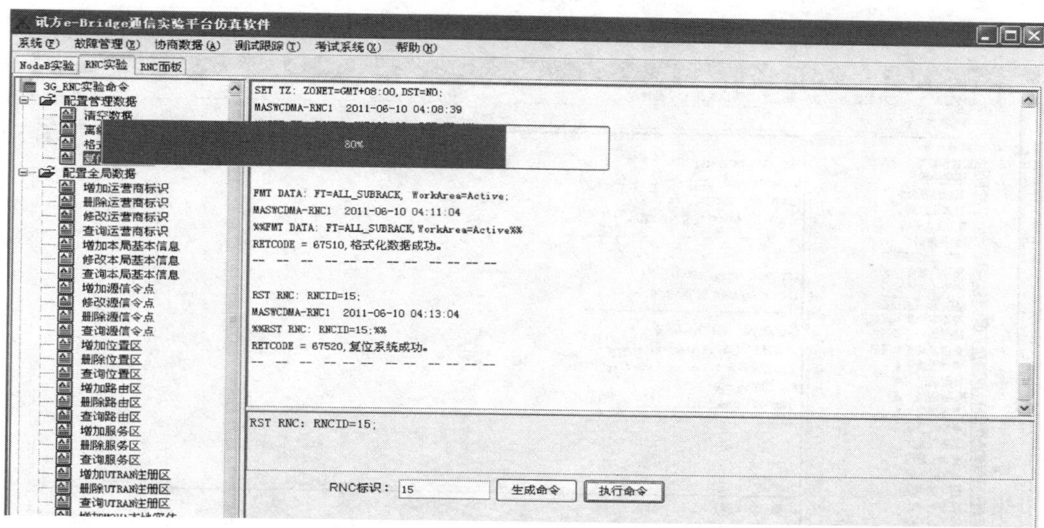

图 4-29　系统复位等待

五、操作维护

1）根据以上配置对设备单板进行查询，如图 4-30 所示。

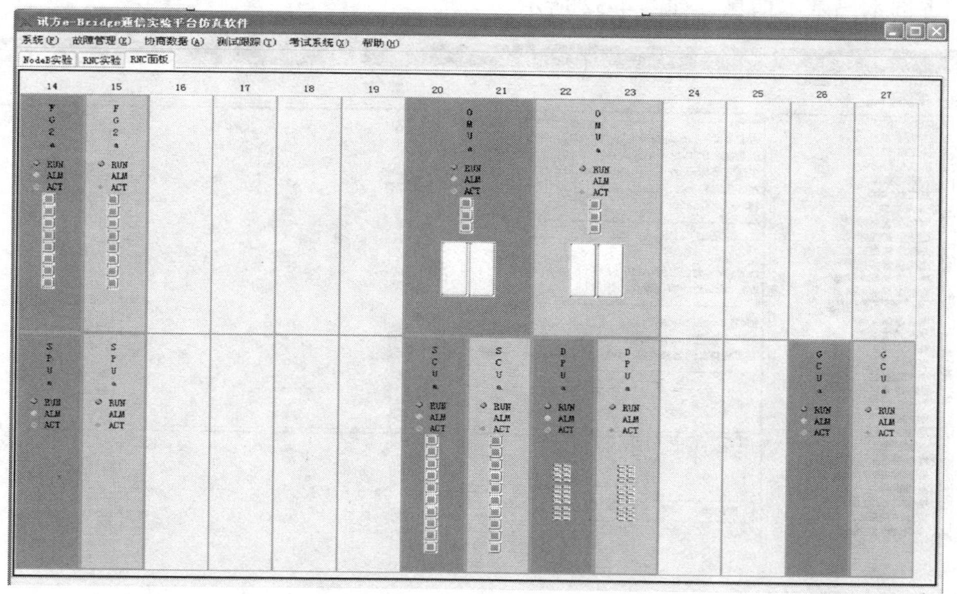

图 4-30　单板查询

2）查询 RNC 运营商标识，如图 4-31 所示。

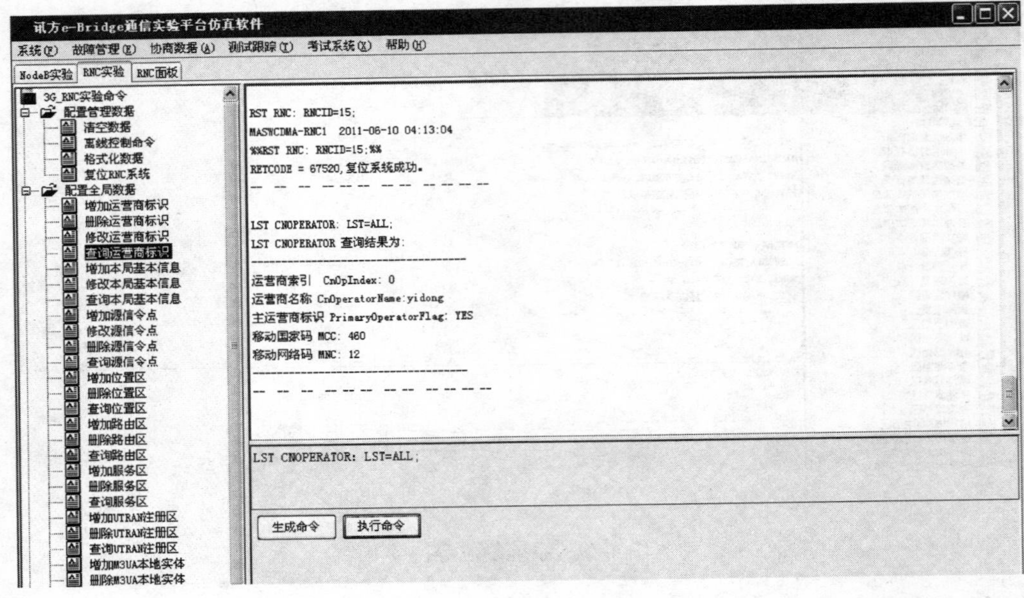

图 4-31　查询 RNC 运营商标识

3）查询本局基本信息，如图 4-32 所示。

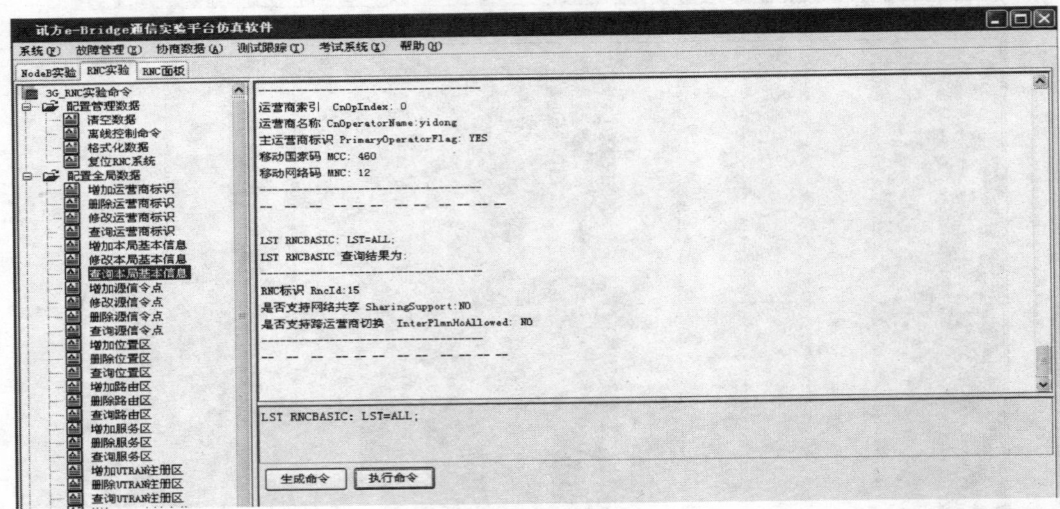

图 4-32　查询本局基本信息

4）查询源信令点，如图 4-33 所示。

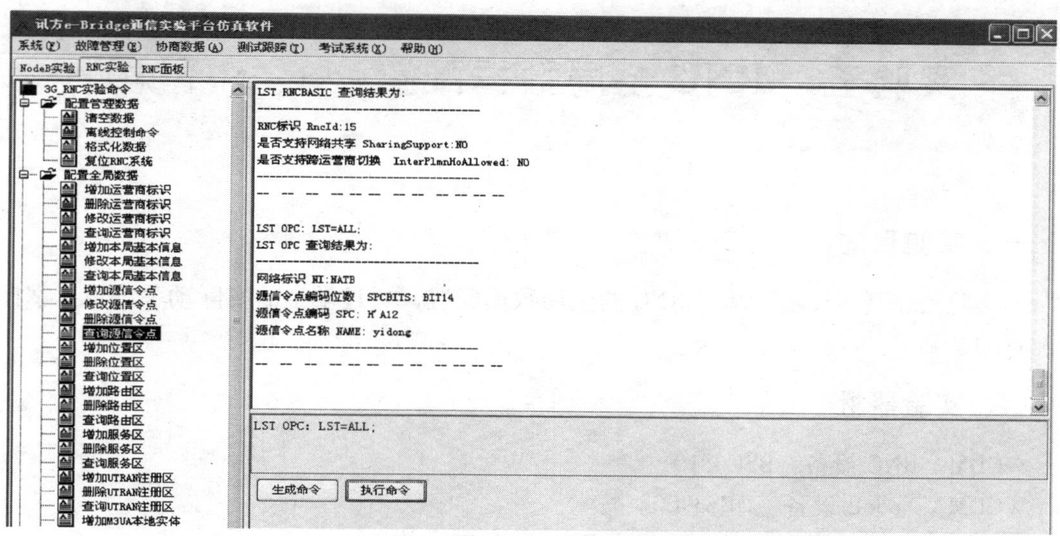

图 4-33 查询源信令点

六、课后习题

1. 信令点编码的作用是什么？
2. 配置服务区时是否需要引用位置区码？
3. 运营商标识中移动国家码和移动网络码有什么区别？
4. 增加本局基本信息与增加运营商标识是否可以颠倒配置顺序？
5. 位置区的作用是什么？

实验五　RNC 全局数据配置（真实环境）

一、实验目的

本实验是在真实环境下练习 RNC 的全局数据配置，通过学生的实际动手练习，掌握数据配置的基础。

二、实验器材

WCDMA-RNC 设备：BSC6810。

WCDMA-NodeB 设备：DBS3900。

实验终端电脑若干台（已安装华为 RNC-LMT 应用软件）。

三、实验内容说明

实验步骤如图 5-1 所示。

配置 RNC 全局数据是进行 RNC 初始配置前的必要步骤。只有全局数据配置完毕，才能开始设备数据、接口数据以及小区数据的配置。RNC 设备数据包括 RNC 时钟、RNC 时间、RSS 插框基本信息、RBS 插框基本信息。RNC 接口数据配置包含 Iub、Iu-CS、Iu-PS、Iu-BC、Iur 接口的配置数据。配置小区数据用于增加无线层数据，包括快速新建小区、增加同频邻近小区关系、增加异频邻近小区关系、增加异系统邻近小区关系，并在配置完小区数据后，将所有插框切换到在线状态。

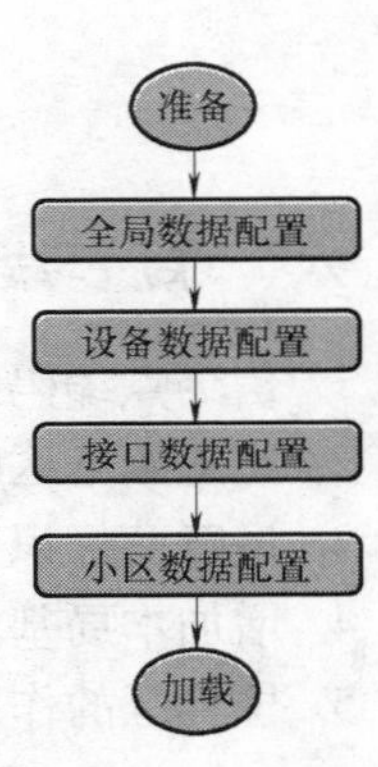

图 5-1　实验步骤

实验数据见表 5-1。

表 5-1　实验数据

名称	值	
本地基本数据	RNC 标识	5
	是否支持网络共享	否
	是否支持跨运营商切换	否
运营商基本信息	运营商类型	主运营商
	核心网运营商名称	HUAWEI
	核心网运营商索引	0
	核心网运营商组索引	0
	移动国家码	460
	移动网络码	09

（续）

名称	值			
源信令点	网络标识	NATB		
	源信令点编码位数	BIT14		
	源信令点索引	0		
	源信令点编码	H′35B6		
	源 ATM 地址	H′45861390004194000F0000000000000000000000		
	源信令点名	BSC6900-5		
目的信令点	目的信令点名称	MSCserver	MGW	SGSN
	目的信令点索引	0	Null	1
	目的信令点编码	H′12E7	Null	H′002222
	目的信令点类型	M3UA	M3UA	M3UA
全球位置信息	位置区码	5	服务区码	1
	路由区码	11	URA	11

四、实验步骤

1）清空数据，如图 5-2 所示。

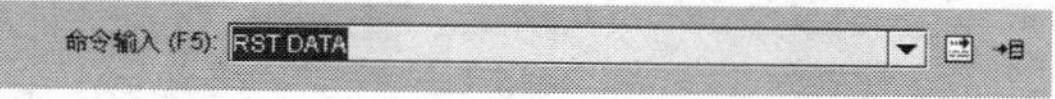

图 5-2　清空数据

2）离线控制信令，如图 5-3 所示。

图 5-3　离线控制信令

3）增加运营商标识，如图 5-4 所示。

图 5-4　增加运营商标识

4）增加本局基本信息，如图 5-5 所示。

命令输入 (F5): ADD RNCBASIC
RNC标识 5　是否支持网络共享 NO(不支持网络共享)　是否支持跨运营商切换 O(不支持跨运营商切换)

图 5-5　增加本局基本信息

5）增加源信令点，如图 5-6 所示。

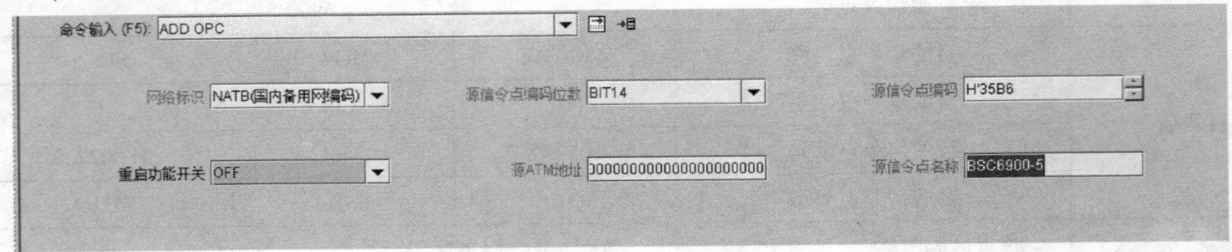

图 5-6　增加源信令点

6）增加位置区码，如图 5-7 所示。

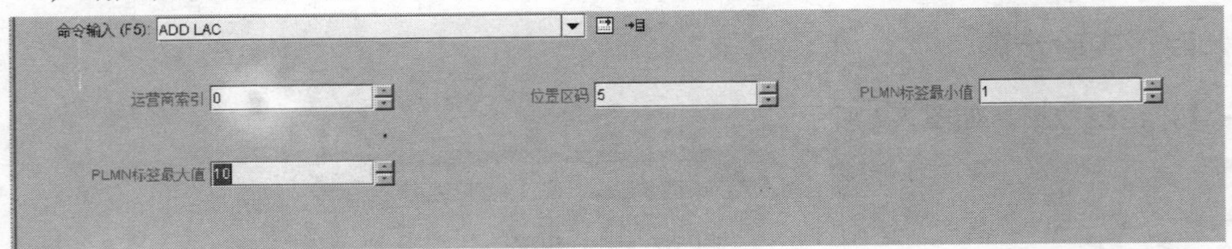

图 5-7　增加位置区码

7）增加路由区码，如图 5-8 所示。

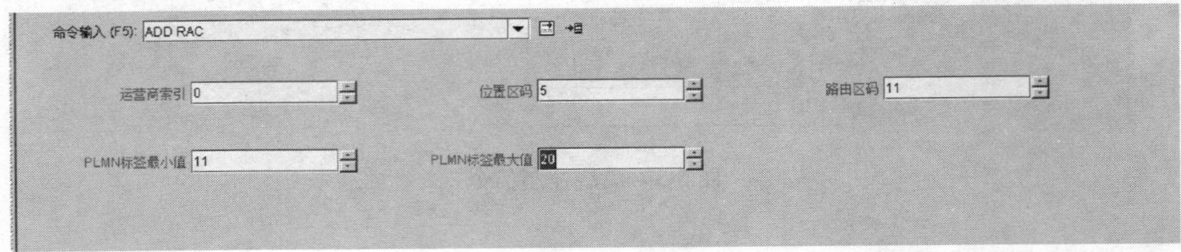

图 5-8　增加路由区码

8）增加服务区码，如图 5-9 所示。

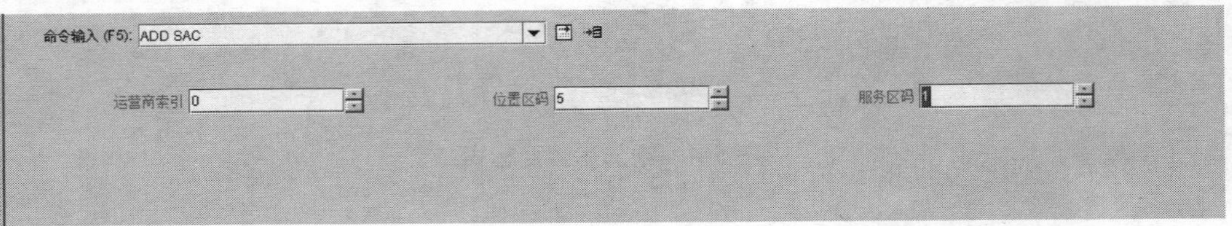

图 5-9　增加服务区码

9）增加 URA 标识，如图 5-10 所示。

图 5-10　增加 URA 标识

10）增加 M3UA 本地实体，如图 5-11 所示。

图 5-11　增加 M3UA 本地实体

11）格式化数据，然后进行系统复位，如图 5-12 所示。

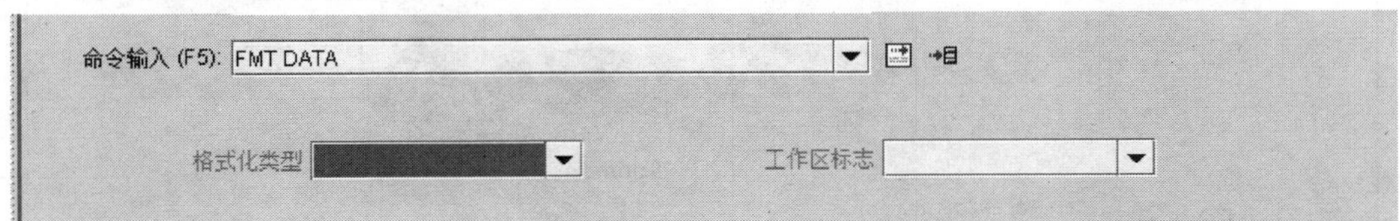

图 5-12　系统复位

五、实验验证

查询 OPC 配置，见表 5-2。

表 5-2　OPC 配置

命令	结果（选取其中一条结果填入表格）
LSTOPC	网络标识：________；源信令点编码：________；相邻标识：________；源 ATM 地址：________
DSPOPC	源信令点索引：________；网络标识：________；源信令点编码：________；SCCP 状态：________；SCCP 源信令点拥塞状态：________；

六、课后习题

1. RNC 全局协商参数有什么作用？
2. RNC 设备全局数据配置和流程是什么？
3. 练习全局配置数据命令。

实验六　RNC Iu-CS 接口控制面数据配置（仿真环境）

一、实验目的

通过本实验，学生可以了解 RNC Iu-CS 接口控制面的数据配置步骤。

二、实验器材

实验终端电脑若干台（已安装讯方通信 WCDMA-RAN 仿真软件并获取许可文件）。

三、实验内容说明

RNC 与 NodeB 一同构成移动接入网络 UTRAN，WCDMA 网络组网如图 6-1 所示。

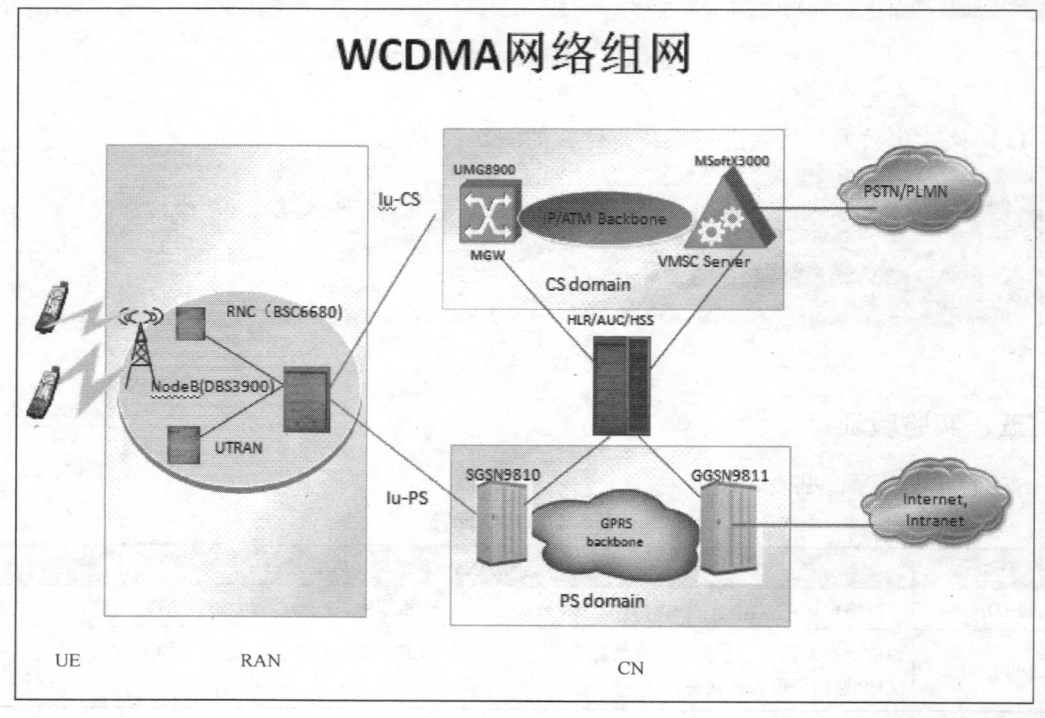

图 6-1　WCDMA 网络组网

RNC 对外接口数据脚本包含 Iub、Iu-CS、Iu-PS、Iu-BC、Iur 接口的配置数据。这里配置 Iu-CS 的控制面协商数据，如图 6-2 所示。

1.Iu-CS 物理层链路层协商数据

端口类型	IP地址/子网掩码	RNC IP 接入下一跳地址	源信令点	目的信令点
FE	11.24.61.121/24		H'A12	H'A22

2.Iu-CS 控制面协商数据

端口类型	本端IP地址（SCTP）/子网掩码	目的IP地址（SCTP）/子网掩码	本端 SCTP 端口号/对端 SCTP 端口号	SCTP VLAN or not
FE	11.24.61.121/24	11.24.61.36/24	62171/62173	No

3.Iu-CS 用户面协商数据

本端IP地址（SCTP）/子网掩码	对端IP地址（SCTP）/子网掩码	前向带宽	后向带宽	差分服务码
11.24.61.121/24	11.24.61.48/24	50000	50000	46
Use VLAN or not	IP 通道检查标识			
No	DISABLED			

图 6-2　Iu-CS 控制面协商数据

四、实验步骤

（一）RNC 本地数据配置

1）RNC 与 CS 域对接的单板类型为：FG2；槽位号：14；端口号为 0。

2）Iu-CS 接口的主 IP 地址：11.24.61.121/24。

3）SCTP 链路号：0。

4）SPU 板的槽位号为 0，SPU 子系统号为 1。

5）M3UA 目的实体：目的实体号为 0；本地实体号为 0。

6）邻节点标识：0。

7）CN 协议版本：R6。

其他参数与 CS 共同协商。

（二）具体步骤

在 RNC 的设备数据、全局数据都配置完成的情况下开始配置接口数据，本实验配置 Iu-CS 接口数据。

1）进入数据配置模式。

2）Iu-CS 设置以太网端口属性。

3）Iu-CS 添加以太网端口 IP 地址。

4）Iu-CS 增加 SCTP 信令链路。

5）Iu-CS 增加目的信令点。

6）Iu-CS 增加 M3UA 目的实体。

7）Iu-CS 增加 M3UA 链路集。

8）Iu-CS 增加 M3UA 链路。

9）Iu-CS 增加 M3UA 路由。

10）Iu-CS 增加传输邻节点。

11）Iu-CS 增加 CN 域。

12）Iu-CS 增加 CN 节点。

1. 启动软件

启动 WCDMA-RAN 软件系统，输入系统登录用户名和密码，如图 6-3 所示。登录 WCDMA-RAN 系统，单击“进入”，出现通信实验大厦界面，如图 6-4 所示，单击“通信实验大厦二层”，单击并进入“WCDMA 机房”，如图 6-5 所示。出现维护机房界面，如图 6-6 所示。单击“无线操作维护终端”，出现无线操作维护终端界面，如图 6-7 所示。单击“无线操作维护终端”图标，出现通信实验平台仿真软件界面，如图 6-8 所示。

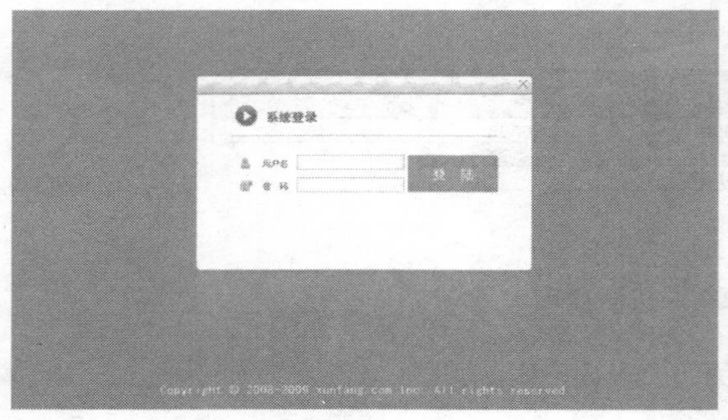

图 6-3 系统登录界面

图 6-4 通信实验大厦界面

图 6-5 WCDMA 机房界面

图 6-6 维护机房界面

图 6-7 无线操作维护终端界面

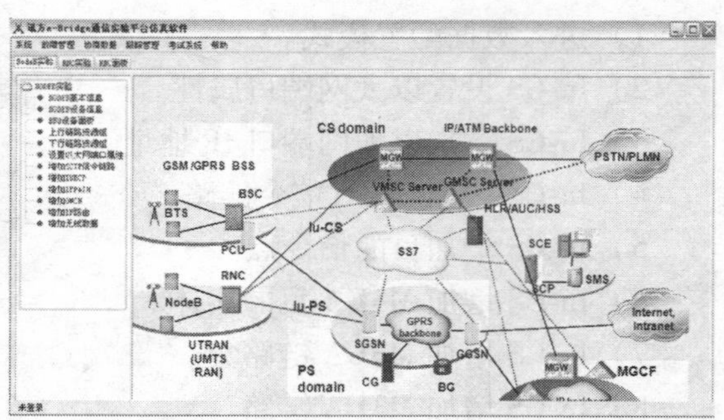

图 6-8 通信实验平台仿真软件界面

2. 配置数据

1）Iu-CS 设置以太网端口属性，如图 6-9 所示。

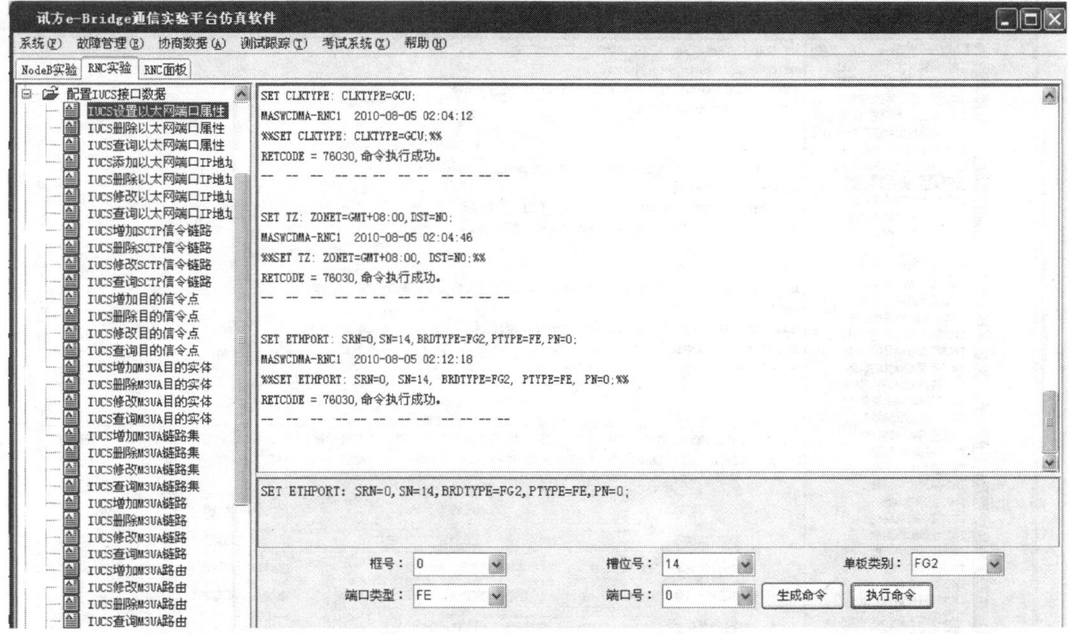

图 6-9　设置以太网端口属性

2）Iu-CS 添加以太网端口 IP 地址，如图 6-10 所示。

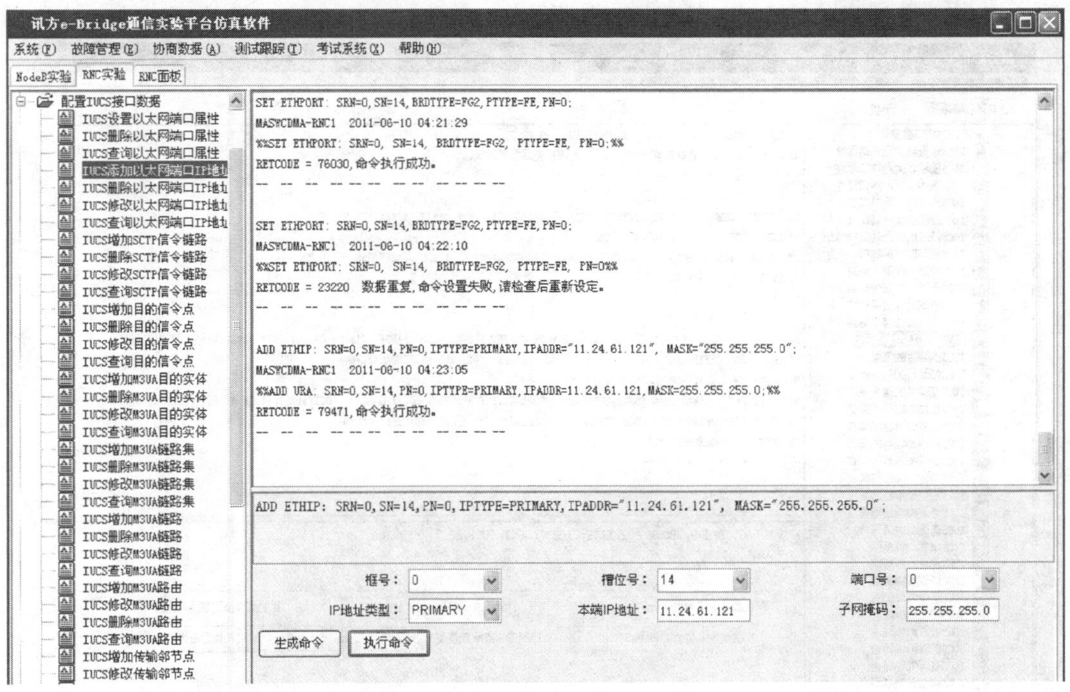

图 6-10　添加以太网端口 IP 地址

3）Iu-CS 增加 SCTP 信令链路，如图 6-11 所示。

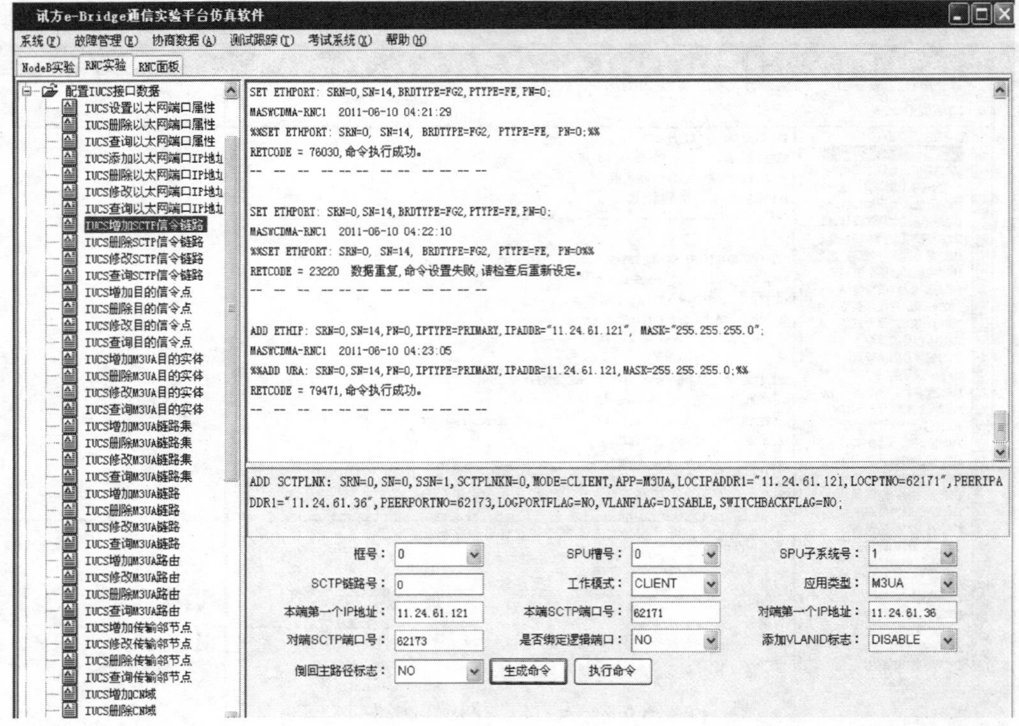

图 6-11　增加 SCTP 信令链路

4）Iu-CS 增加目的信令点，如图 6-12 所示。

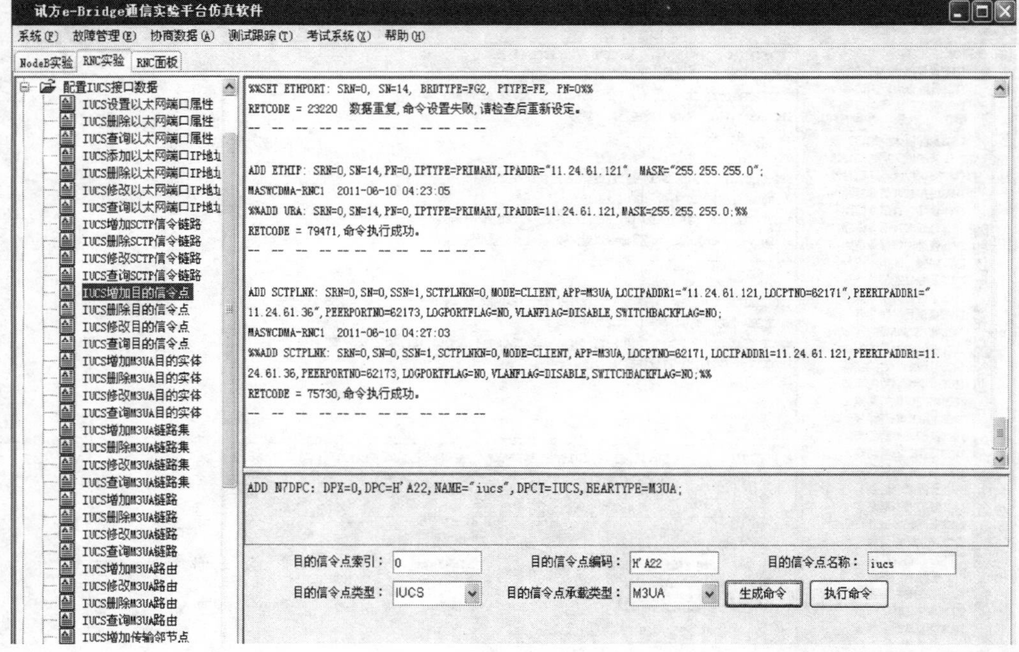

图 6-12　增加目的信令点

5）Iu-CS 增加 M3UA 目的实体，如图 6-13 所示。

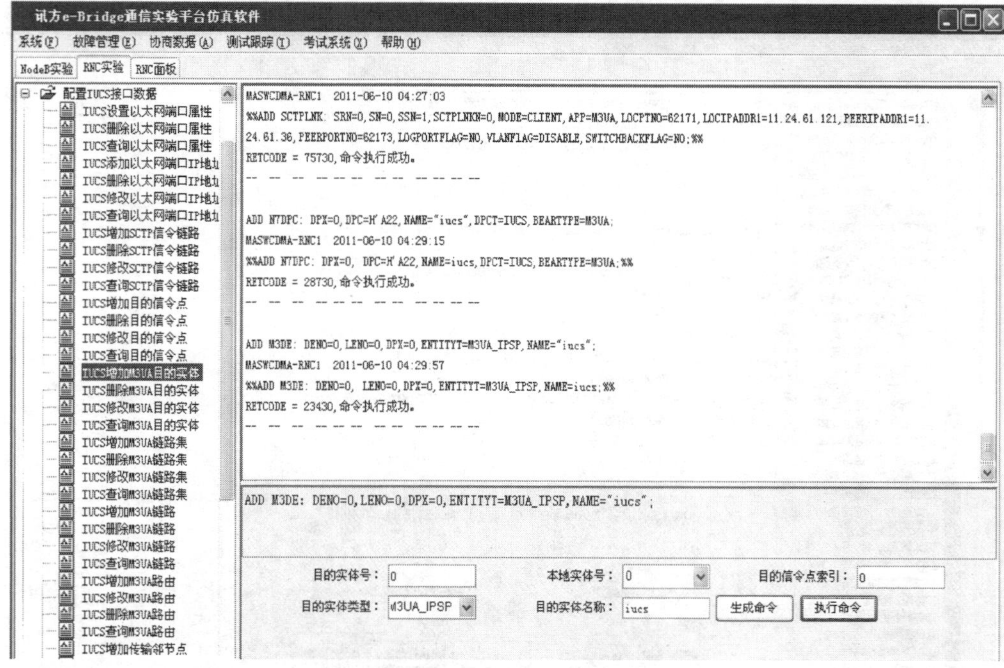

图 6-13　增加 M3UA 目的实体

6）Iu-CS 增加 M3UA 链路集，如图 6-14 所示。

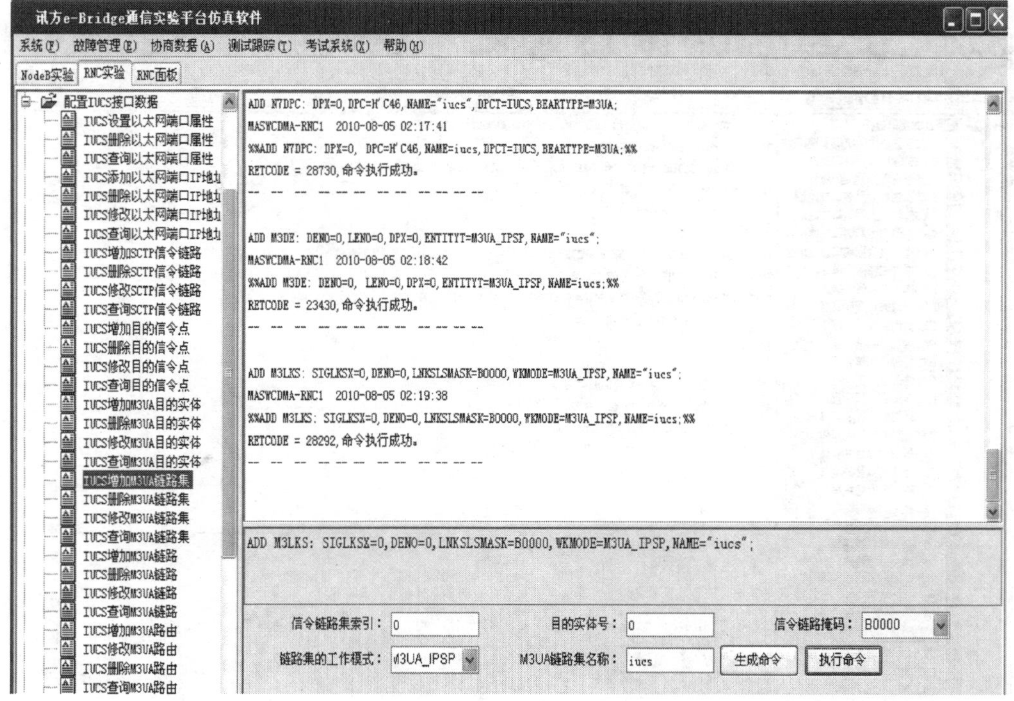

图 6-14　增加 M3UA 链路集

7）Iu-CS 增加 M3UA 链路，如图 6-15 所示。

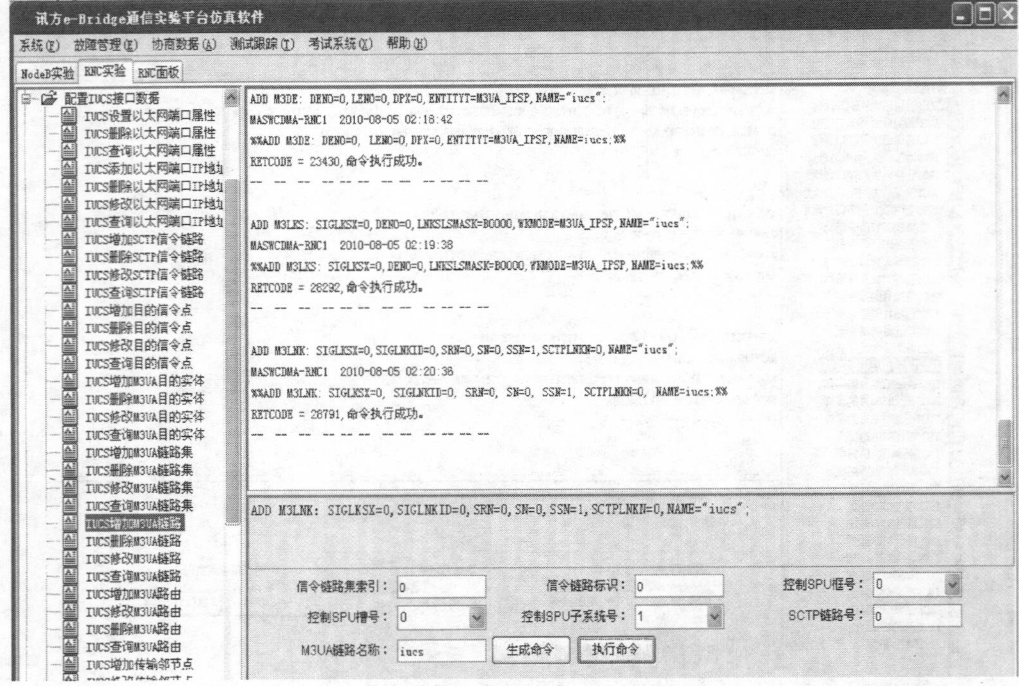

图 6-15　增加 M3UA 链路

8）Iu-CS 增加 M3UA 路由，如图 6-16 所示。

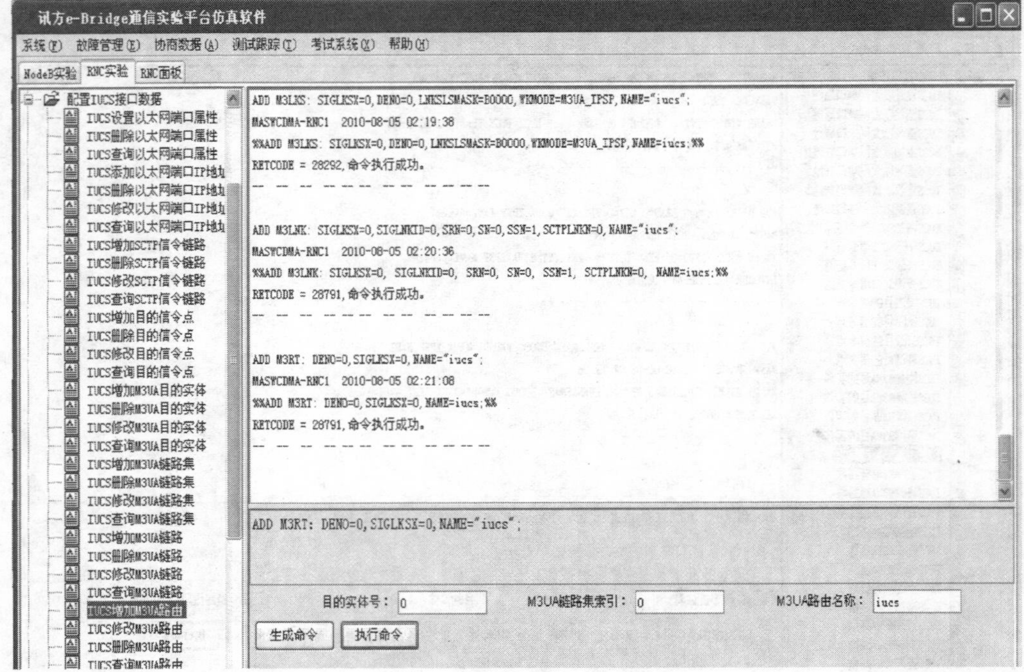

图 6-16　增加 M3UA 路由

9）Iu-CS 增加传输邻节点，如图 6-17 所示。

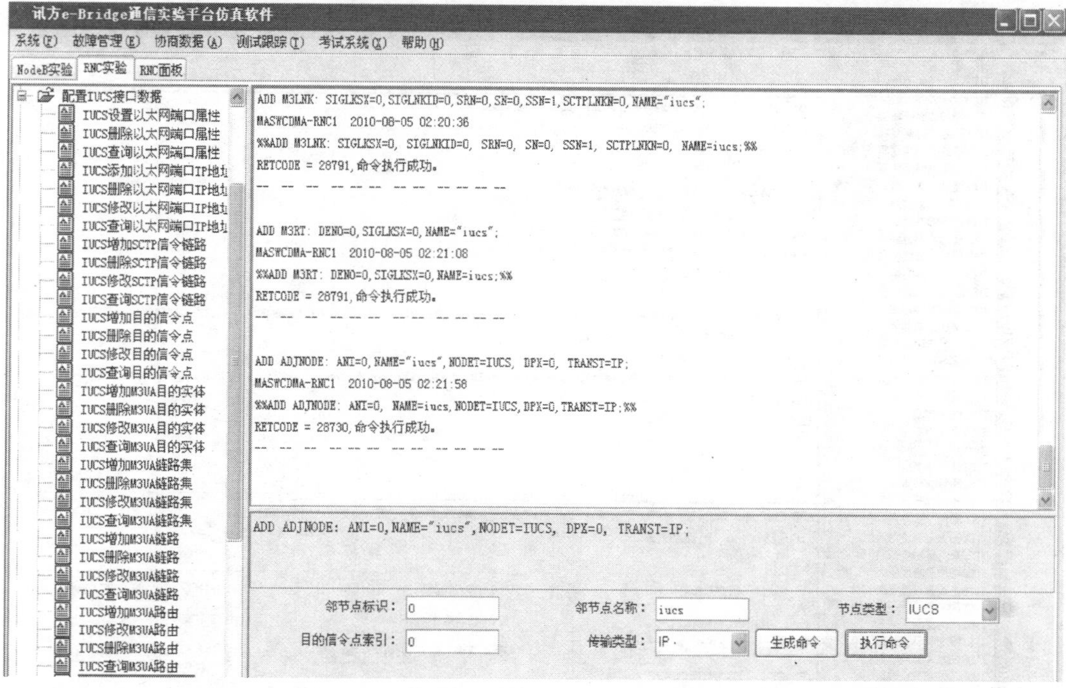

图 6-17　增加传输邻节点

10）Iu-CS 增加 CN 域，如图 6-18 所示。

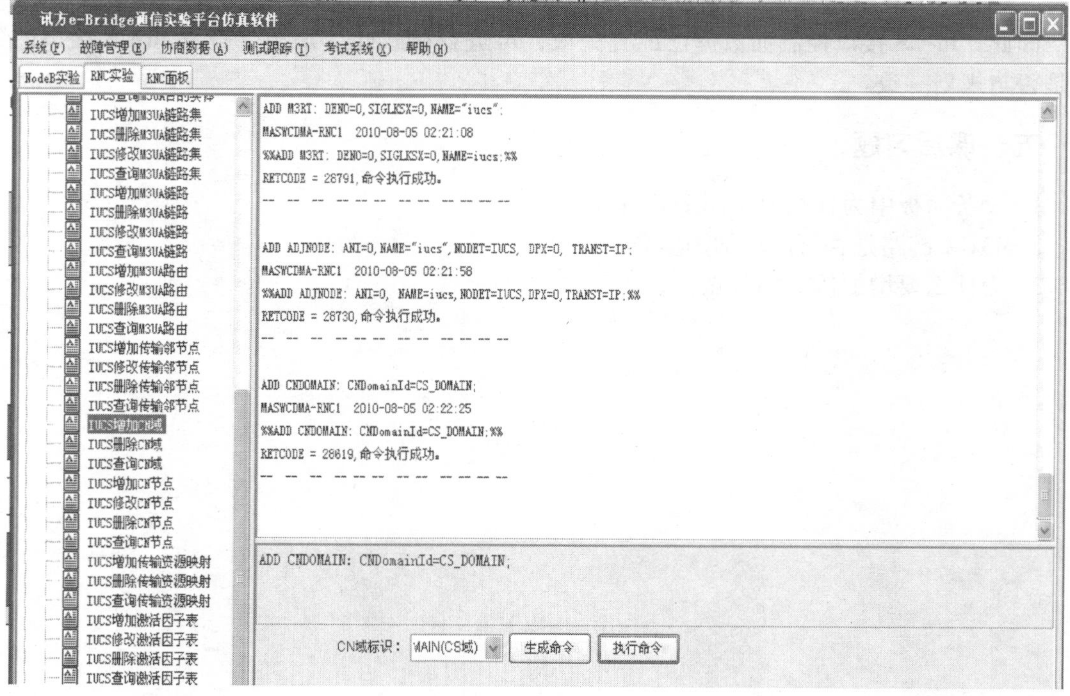

图 6-18　增加 CN 域

11）Iu-CS 增加 CN 节点，如图 6-19 所示。

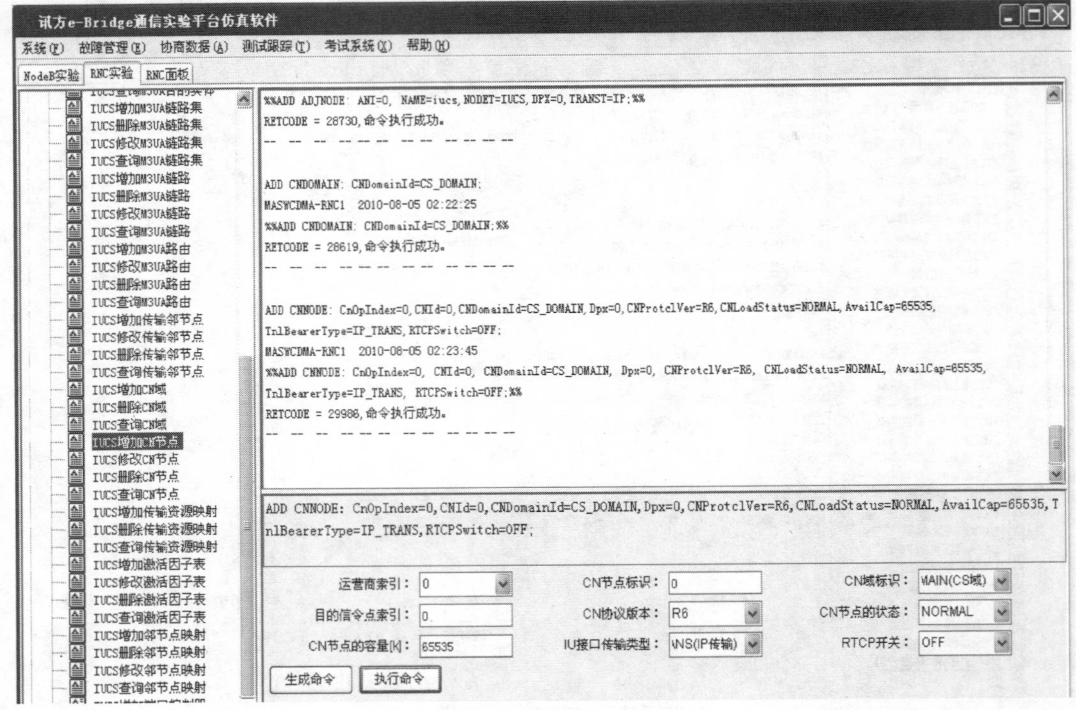

图 6-19　增加 CN 节点

即此，Iu-CS 接口控制面数据已配置完成，可进行格式化、加载、查看 Iu-CS 接口的数据是否与规划一致。

五、课后习题

1. 设备面板中为什么要采用 FG2 单板？
2. M3UA 链路是否可以增加为多条？
3. 为什么要增加传输邻节点？

实验七　RNC Iu-CS 接口用户面数据配置（仿真环境）

一、实验目的

通过本实验，学生可以了解 RNC Iu-CS 接口用户面的数据配置步骤。

二、实验器材

实验终端电脑若干台（已安装讯方通信 WCDMA-RNA 仿真软件并获取许可文件）。

三、实验内容说明

RNC 与 NodeB 一同构成移动接入网络 UTRAN，WCDMA 组网如图 7-1 所示。

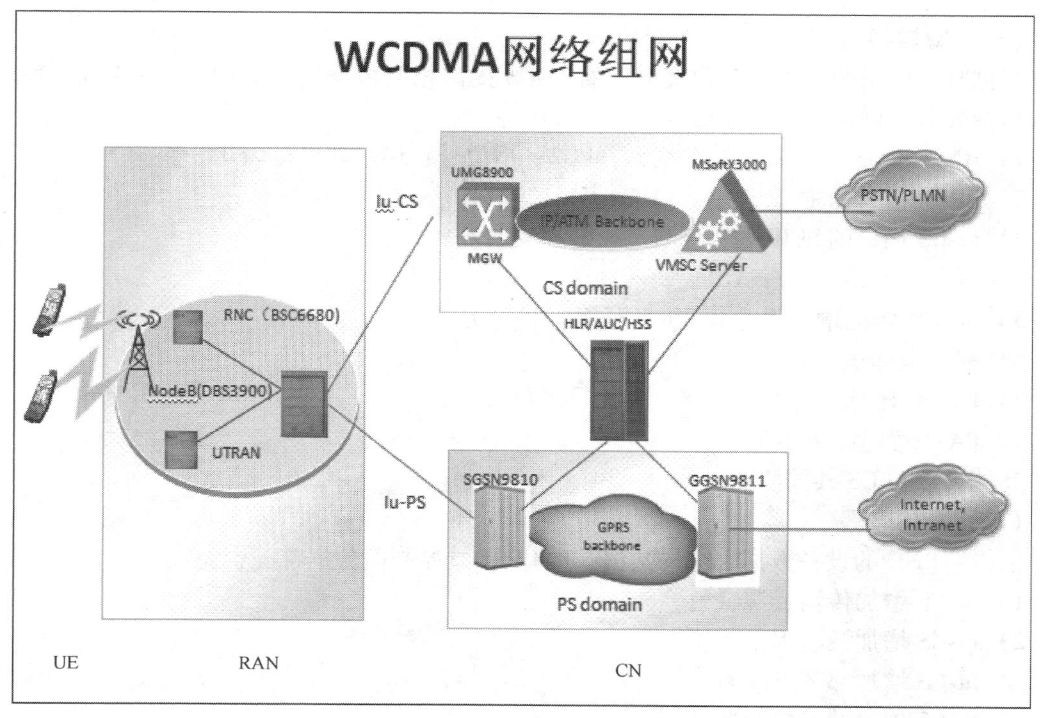

图 7-1　WCDMA 组网

RNC 对外接口数据脚本包含 Iub、Iu-CS、Iu-PS、Iu-BC、Iur 接口的配置数据。这里配置 Iu-CS 的用户面协商数据，如图 7-2 所示。

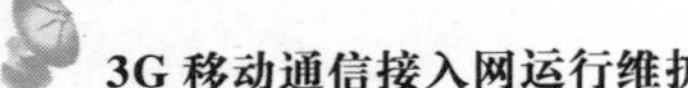

1. Iu-CS 物理层链路层协商数据

端口类型	IP地址/子网掩码	RNC IP 接入下一跳地址	源信令点	目的信令点
FE	11.24.61.121/24		H'A12	H'A22

2. Iu-CS 控制面协商数据

端口类型	本端IP地址（SCTP）/子网掩码	目的IP地址(SCTP)/子网掩码	本端 SCTP 端口号/对端 SCTP 端口号	SCTP VLAN or not
FE	11.24.61.121/24	11.24.61.36/24	62171/62173	No

3. Iu-CS 用户面协商数据

本端IP地址（SCTP）/子网掩码	对端IP地址(SCTP)/子网掩码	前向带宽	后向带宽	差分服务码
11.24.61.121/24	11.24.61.48/24	50000	50000	46
Use VLAN or not	IP 通道检查标志			
No	DISABLED			

图 7-2 Iu-CS 用户面协商数据

四、实验步骤

（一）数据规划

根据整个网络的规划，对此次配置的 Iu-CS 接口相关数据进行分配及与 CS 域设备对接时的协商参数、硬件单板的插板位置进行规划等。

1）RNC 与 CS 对接的单板类型为：FG2；槽位号：14；端口号为 0。

2）Iu-CS 接口的主 IP 地址：11. 24. 61. 121/24。

3）Iu-CS 接口的邻 IP 地址：11. 24. 61. 48/24。

4）资源管理模式：SHARE。

5）SPU 单板的槽位号为 0，SPU 子系统号为 1。

6）邻节点标识：0。

7）IP PATH 标识：0。

8）PATH 类型：HQ-RT。

其他参数与 CS 共同协商。

（二）具体步骤

前提：RNC 的设备数据、全局数据、Iu-CS 接口控制面数据都配置完成。

1）Iu-CS 增加传输资源映射。

2）Iu-CS 增加激活因子表。

3）Iu-CS 增加邻节点映射。

4）Iu-CS 增加端口控制器。

5）Iu-CS 增加 IP PATH。

1. 启动软件

请参考实验二，此处不再赘述。

2. 配置数据

1）Iu-CS 增加传输资源映射，如图 7-3 所示。

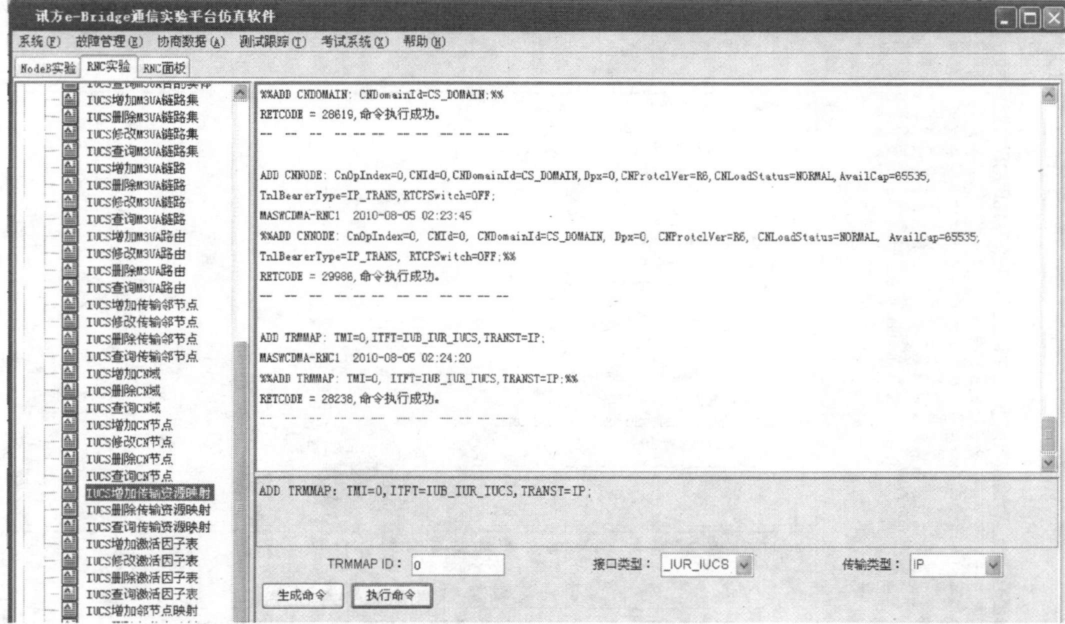

图 7-3　增加传输资源映射

2）Iu-CS 增加激活因子表，如图 7-4 所示。

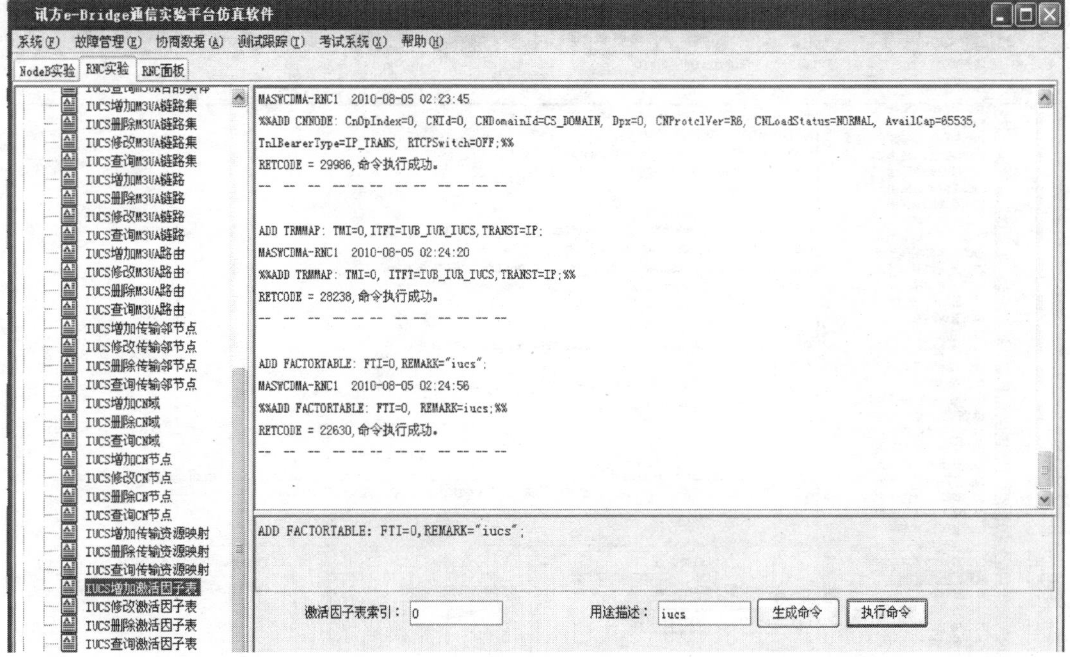

图 7-4　增加激活因子表

3）Iu-CS 增加邻节点映射，如图 7-5 所示。

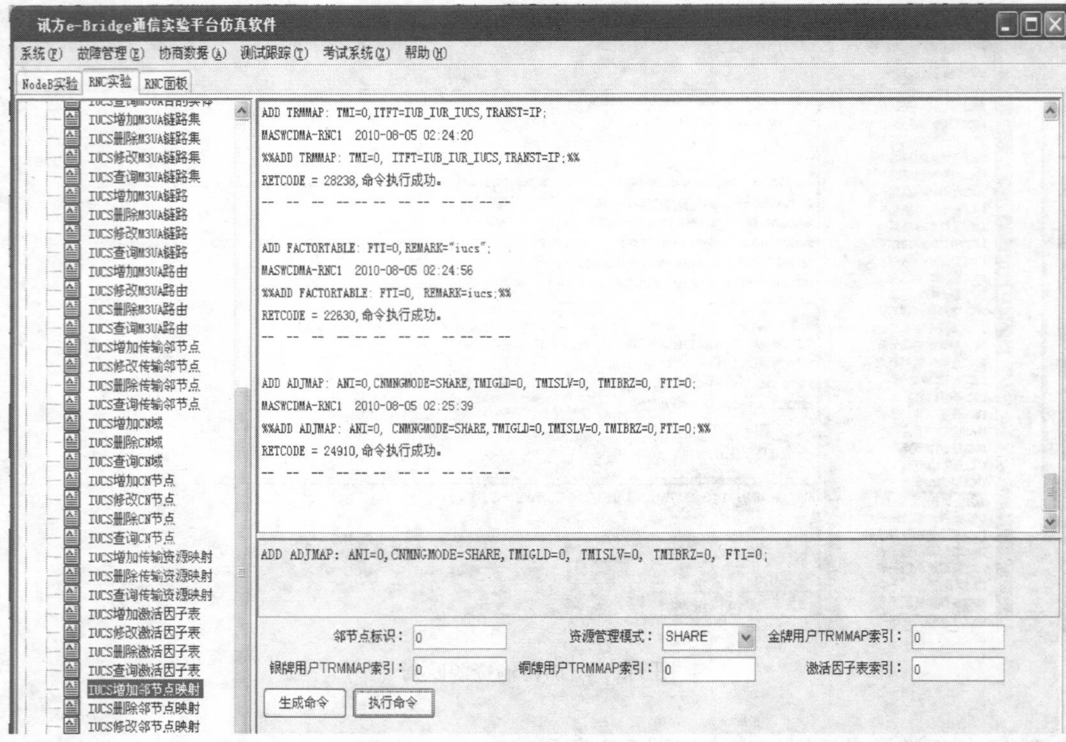

图 7-5　增加邻节点映射

4）Iu-CS 增加端口控制器，如图 7-6 所示。

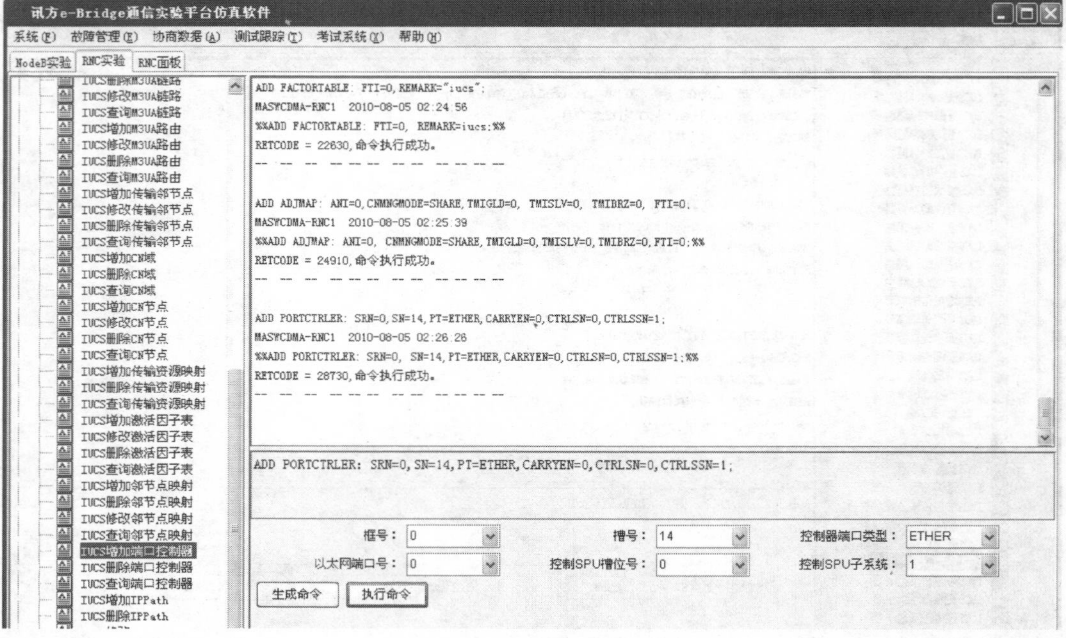

图 7-6　增加端口控制器

5）Iu-CS 增加 IPPATH，如图 7-7 所示。

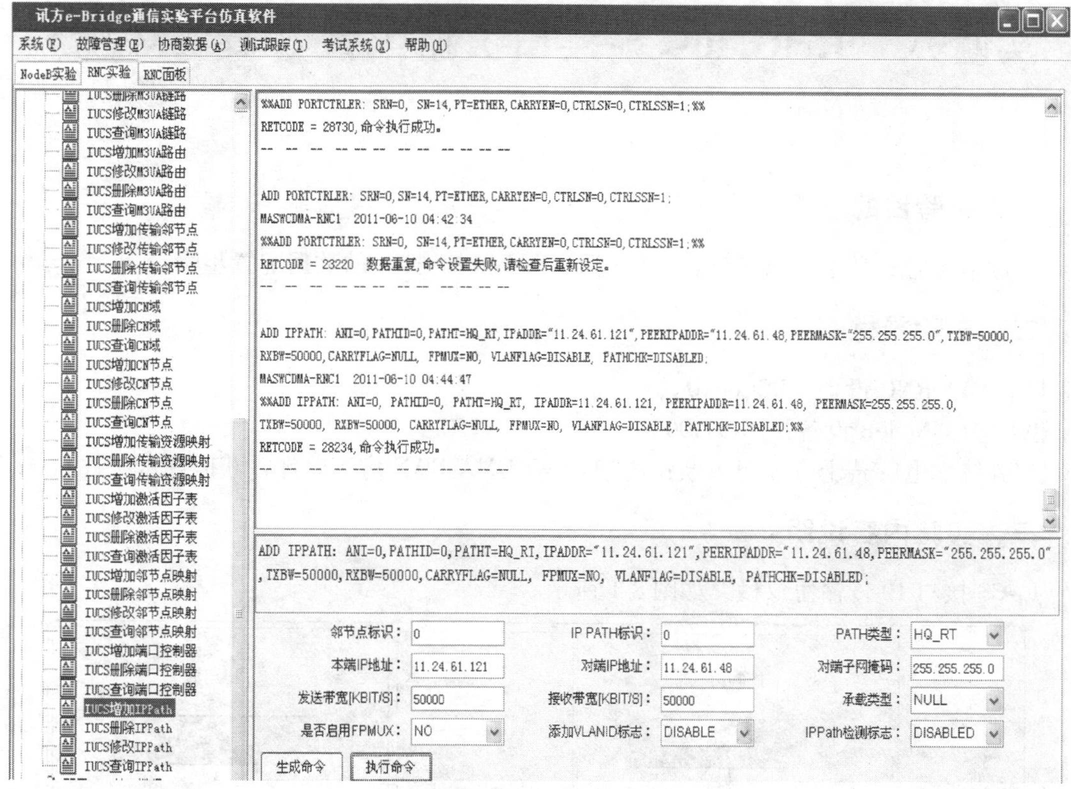

图 7-7　增加 IPPATH

至此，Iu-CS 接口用户面数据已配置完成，可进行格式化、加载、查看 Iu-CS 接口的数据是否与规划一致。

五、课后习题

1. 用户面数据与控制面数据有何异同？
2. 增加端口控制器与增加 IPPATH 的顺序是否可以颠倒？为什么？

实验八　RNC Iu-CS 接口数据配置（真实环境）

一、实验目的

通过本实验，学生可以了解真实环境下 RNC Iu-CS 接口的数据配置步骤。

二、实验器材

WCDMA-RNC 设备：BSC6810。
WCDMA-NodeB 设备：DBS3900。
实验终端电脑若干台（已安装讯方通信 WCDMA-RAN 仿真软件并获取许可文件）。

三、实验内容说明

Iu-CS 接口 IP 传输协议栈，如图 8-1 所示。

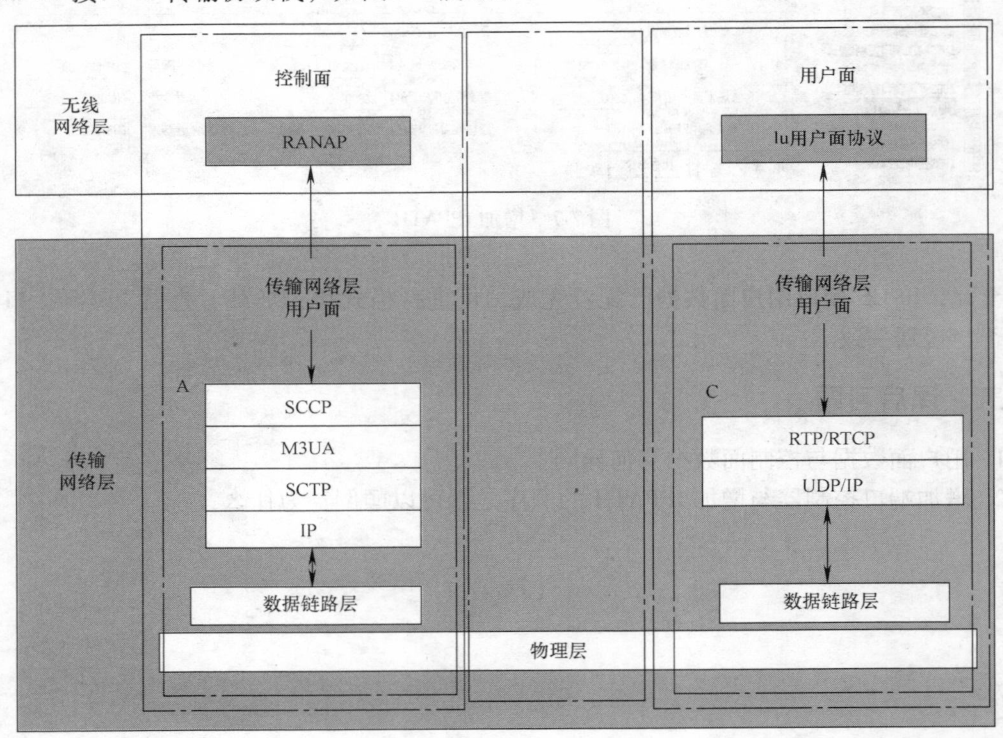

图 8-1　Iu-CS 接口 IP 传输协议栈

1）物理层：是计算机网络 OSI 模型中最低的一层，它创建、维持和拆除传输数据所需要的物理链路，提供具有机械和电子功能及规范的特性。物理层的传输单位为比特（bit），即一个二进制位（“0”或“1”）。实际的比特传输必须依赖于传输设备和物理媒体。但是，

物理层不是指具体的物理设备，也不是指信号传输的物理媒体，而是指在物理媒体之上并为上一层（数据链路层）提供一个传输原始比特流的物理连接。物理层主要是提供 IP 的传输通道，将 IP 层传来的数据加上其传输开销后形成连续的比特流，同时在接收端收到物理媒介上传来的连续比特流后，取出有效的数据传给 IP 层。物理层主要功能包括：传输信道的信道交织/解交织、传输信道的复用、CCTrcH 的解复用、速率匹配、CCTrCH 到物理信道的映射、物理信道的调制/扩频与解调/解扩、物理信道的功率加权与组合；向上层提供测量及指示（如 FER、SIR、干扰功率、发送功率等）、传输信道的错误检测；宏分集分布/组合、软切换执行；频率和时间（码片、比特、时隙、帧）的同步；闭环功率控制；射频处理等。物理层具体功能和有关描述涉及 WCDMA 基本原理，不是本书描述主要内容，请参见有关协议和参考资料。

2）数据链路层：为 OSI 模型中的第二层，提供相邻节点间透明、可靠的信息传输服务，可分为 MAC 层和 RLC 层。MAC（Medium Access Control）层主要功能包括映射、复用、HARQ 和无线资源分配。RLC（Radio Link Control）层顾名思义，主要提供无线链路控制功能。RLC 包含 TM、UM 和 AM 三种传输模式，主要提供纠错、分段、级联、重组等功能。

3）IP：Internet Protocol（网络之间互连的协议）是为计算机网络相互连接进行通信而设计的协议，是不可靠的、无连接的传送机制。

4）SCTP：在 SCTP（Stream Control Transmission Protocol，流控制传输协议）制定以前，在 IP 网上传输七号信令使用的是 UDP、TCP 协议。UDP 是一种无连接的传输协议，无法满足七号信令对传输质量的要求。TCP 协议是一种有连接的传输协议，可以可靠地传输信令，但是 TCP 协议具有行头阻塞、实时性差、支持多归属比较困难、易受拒绝服务攻击（Dos）的缺陷。因此 IETF（Internet Engineering Task Force，互联网工程任务组）RFC2960 制定了面向连接的、基于分组的可靠传输协议 SCTP 协议。SCTP 对 TCP 的缺陷进行了完善，使得信令传输具有更高的可靠性，SCTP 的设计包括适当的拥塞控制、防止泛滥和伪装攻击、更优的实时性能和多归属性支持。因此，SCTP 成为 SIGTRAN 协议族中的传输协议。SCTP 被视为一个传输层协议，SCTP 层是为因特网中的信令传输而特别设计的，SCTP 协议比 TCP 协议更具安全性。它的上层为 SCTP 用户应用，下层为分组网络。在 SIGTRAN 协议的应用中，SCTP 上层用户是 SCN 信令的适配模块（如 M2UA、M3UA），下层是 IP 网。

5）M3UA：MTP 第三层用户适配层（MTP 3 User Adaptation），SIGTRAN 协议组中的一个协议，支持采用流量控制传输协议（SCTP），通过 IP 传输 SS7 第三层用户信令，对 SS7 信令网和 IP 网提供无缝的网管互通功能。

6）SCCP：信令连接控制协议（Signal Connection Control Protocol）。SCCP 能传送各种与电路无关（Non-Circuit-Related）的信令消息；具有增强的寻址选路功能，可以在全球互连的不同七号信令网之间实现信令的直接传输；除了无连接服务功能以外，还能提供面向连接的服务功能。SCCP 层根据用户对业务的不同需求，提供了以下 4 类协议以完成有不同质量要求的用户业务的传递：基本无连接业务类、顺序无连接业务类、基本面向连接业务类、流量控制的面向连接业务类。

7）RANAP：Iu 接口 CS 域的控制面采用 RANAP 协议，运用 SCCP 提供的 0 类与 2 类业务类型。根据消息传送方式的不同，RANAP 的基本过程可以分为两类：面向连接型和无连接型。前者在 Iu 接口需要建立一个专用的连接，与特定的单个 UE 相关；后者在 RNC 与 CN

间传送，不必建立专用连接。RANAP 负责 CS、PS 域的 CN 和 RNC 之间的信令交互，包括一系列的基本过程：无线接入承载 RAB 的分配和释放请求、Iu 连接的释放请求和释放、SRNS 重置、寻呼、UE 通用 ID 等。

8）RTP/RTCP：RTP（Realtime Transport Protocol）实时传输协议，是针对 Internet 上多媒体数据流的一个传输协议；RTCP（Realtime Transport Control Protocol）实时传输控制协议，该协议和 RTP 一起提供流量控制和拥塞控制服务。Iu-CS IP 传输时 RTP 和 RTCP 配合使用来提高语音传输质量。它们能以有效的反馈和最小的开销使传输效率最佳化，因而特别适合传送网上的实时数据。

Iu-CS 没有采用传输网络控制面，这是因为建立 IP PATH 源和目的 IP 地址即可，而这些消息已经包含在 RANAP RAB 分配消息中。在 Iu-CS 用户面中，每个数据流使用 UDP 无连接传输和 IP 寻址。Iu-CS 控制面和用户面链路与硬件单板的关系如图 8-2 所示。

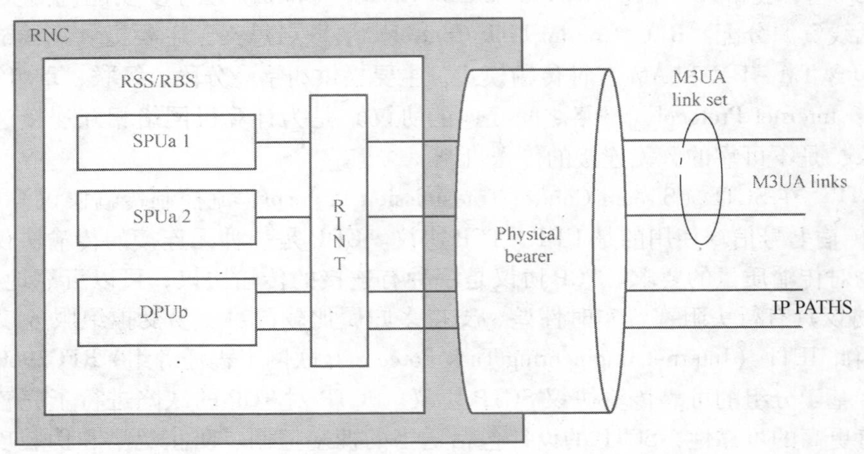

图 8-2　Iu-CS 控制面和用户面链路与硬件单板的关系

图中，M3UA 链路是 M3UA 信令链路集中的链路，编号范围（即信令链路标识）为 0～63。一个 Iu-CS 接口至少存在一条 M3UA 链路，建议规划 2 条或 2 条以上。M3UA 链路的承载在 SCTP 链路上。为了减少 SPU 子系统间的信令交互，建议将规划的 SCTP 链路平均分布在 RSS/RBS 框的各个 SPU 子系统上。IPPATH 是到对端邻节点的一组通路，编号范围（即 PATH ID）为 0～65535。一个 Iu-CS 接口至少存在一条 IPPATH，建议规划 2 条或 2 条以上。

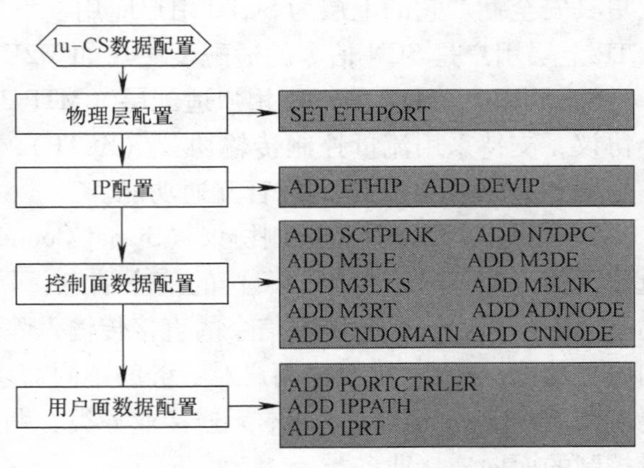

图 8-3　Iu-CS 接口数据配置流程

Iu-CS 接口数据配置流程如图 8-3 所示。

Iu-CS 接口协商数据见表 8-1。

表 8-1　Iu-CS 接口协商数据

<table>
<tr><th colspan="9">Iu-CS 控制面数据</th></tr>
<tr><th>参数</th><th>SCTP 链路号</th><th>信令链路类型</th><th>应用协议</th><th>SPU 系统号</th><th>第一个本地 IP 地址</th><th>第一个目的 IP 地址</th><th>目的 SCTP 端口号</th><th>逻辑端口标识</th></tr>
<tr><td>SCTP 链路</td><td>0</td><td>client</td><td>M3UA</td><td>1/0</td><td>190. 1. 11. 11</td><td>190. 1. 30. 40</td><td>3000</td><td>No</td></tr>
<tr><th colspan="9">Iu-CS 用户面数据</th></tr>
<tr><th colspan="3">参数 Item</th><th colspan="3">值</th><th colspan="3">邻节点标识</th></tr>
<tr><td rowspan="6">IP PATH</td><td colspan="2">本地 IP 地址掩码</td><td colspan="3">190. 1. 89. 5</td><td colspan="3" rowspan="6">0</td></tr>
<tr><td colspan="2">下一跳 IP 地址掩码</td><td colspan="3">190. 1. 89. 41</td></tr>
<tr><td colspan="2">IP PATH 类型</td><td colspan="3">QOS_PATH</td></tr>
<tr><td colspan="2">IP PATH 校验标识</td><td colspan="3">ENABLE</td></tr>
<tr><td colspan="2">IP PATH 编号</td><td colspan="3">0</td></tr>
<tr><td colspan="2">发送/接收带宽</td><td colspan="3">20000</td></tr>
</table>

四、实验步骤

参照图 8-3 配置数据。由以上协商数据可知，添加本地实体 ADD M3LE 已经在全局中添加，这里不再重复添加，由于目的 IP 地址和本地 IP 地址在同一个网段，属于二层组网，故省略 ADD DEVIP 和 ADD IPRT 命令。

1. 配置控制面数据

1）Iu-CS 设置以太网端口属性，如图 8-4 所示。

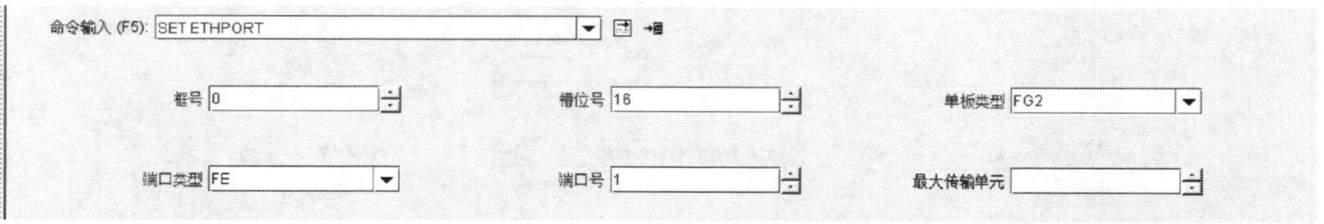

图 8-4　设置以太网端口属性

2）Iu-CS 添加以太网端口 IP 地址，如图 8-5 所示。

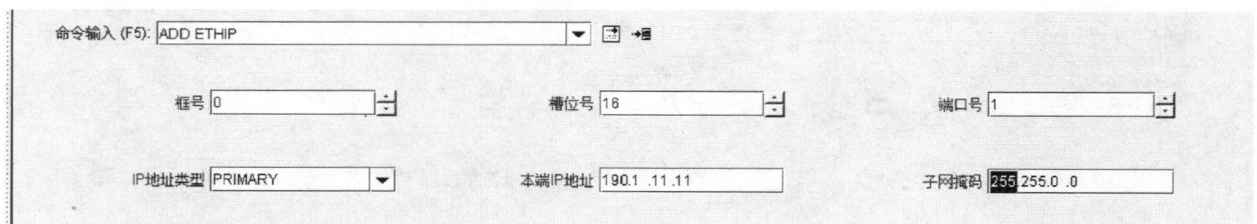

图 8-5　添加以太网端口 IP 地址

3）Iu-CS 增加 SCTP 信令链路，如图 8-6 所示。

命令输入 (F5): ADD SCTPLNK

框号 0　SPU槽号 0　SPU子系统号 1

SCTP链路号 0　工作模式 CLIENT(客户模式)　应用类型 M3UA(M3UA应用类型)

差分服务码 62　本端SCTP端口号 3000　本端第一个IP地址 190.1 .11 .11

本端第二个IP地址 . . .　对端第一个IP地址 190.1 .30 .40　对端第二个IP地址 . . .

对端SCTP端口号 3000　是否绑定逻辑端口 NO(不绑定逻辑端口)　RTO最小值 1000

图 8-6　增加 SCTP 信令链路

4）Iu-CS 增加目的信令点，如图 8-7 所示。

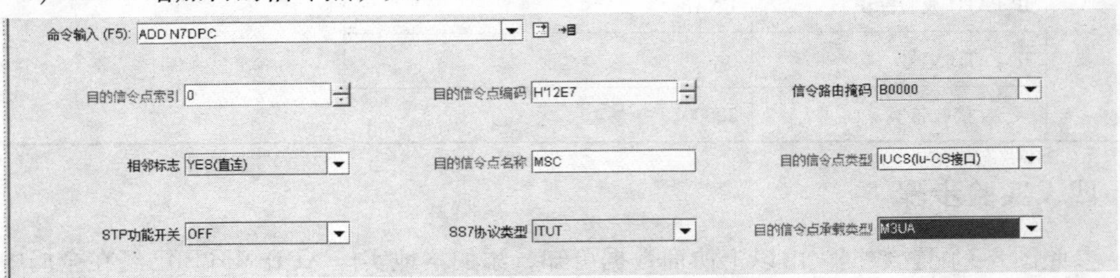

图 8-7　增加目的信令点

5）Iu-CS 增加 M3UA 目的实体，如图 8-8 所示。

图 8-8　增加 M3UA 目的实体

6）Iu-CS 增加 M3UA 链路集，如图 8-9 所示。

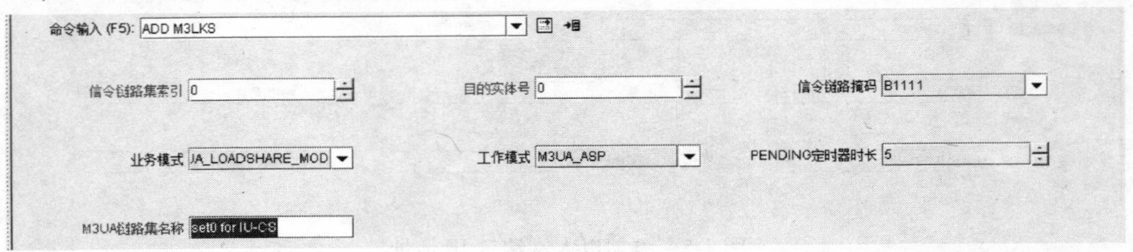

图 8-9　增加 M3UA 链路集

7）Iu-CS 增加 M3UA 链路，如图 8-10 所示。

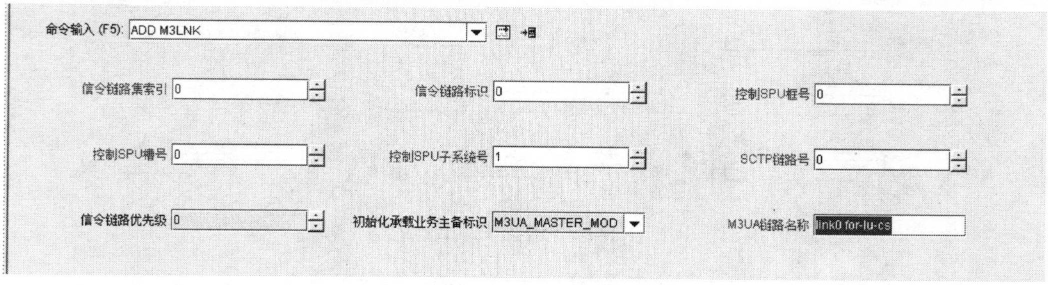

图 8-10　增加 M3UA 链路

8）Iu-CS 增加 M3UA 路由，如图 8-11 所示。

图 8-11　增加 M3UA 路由

9）Iu-CS 增加传输邻节点，如图 8-12 所示。

图 8-12　增加传输邻节点

10）Iu-CS 增加 CN 域，如图 8-13 所示。

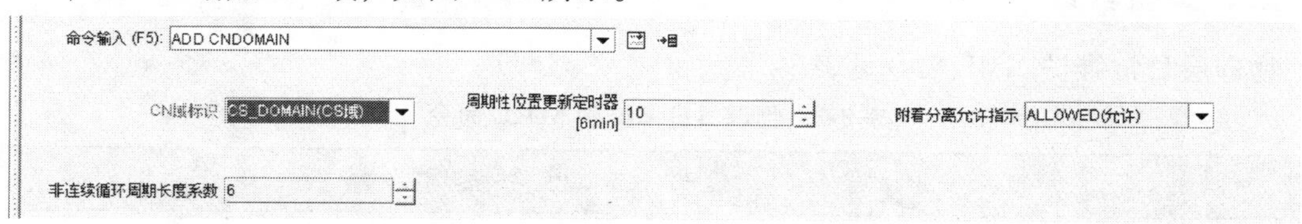

图 8-13　增加 CN 域

11）Iu-CS 增加 CN 节点，如图 8-14 所示。

至此，Iu-CS 控制面数据已配置完成，可进行格式化、加载、查看 Iu-CS 接口的数据是否与规划一致。

2. 配置用户面数据

1）Iu-CS 增加端口控制器，如图 8-15 所示。

命令输入 (F5): ADD CNNODE
运营商索引 0
CN节点标识 0
CN域标识 CS_DOMAIN(CS域)
目的信令点索引 0
CN协议版本 R6
CN节点的状态 NORMAL(正常状态)
CN节点的容量[K] 65535
IU接口传输类型 IP_TRANS(IP传输)
RTCP开关 OFF(关)

图 8-14　增加 CN 节点

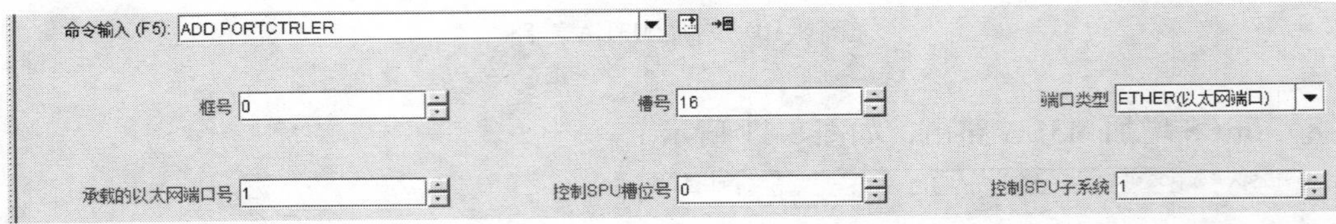

图 8-15　增加端口控制器

2）Iu-CS 增加 IP PATH，如图 8-16 所示。

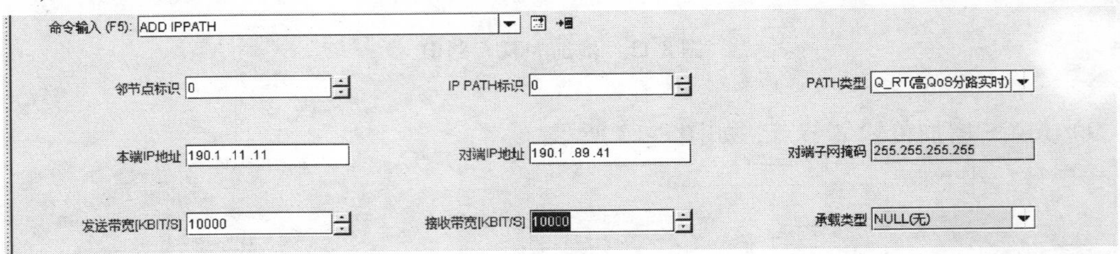

图 8-16　增加 IP PATH

至此，Iu-CS 用户面数据已配置完成，可进行格式化、加载、查看 Iu-CS 接口的数据是否与规划一致。

五、实验验证

物理层日常维护 MML 命令见表 8-2。

表 8-2　物理层日常维护 MML 命令

命令	结果（选取其中一条结果填入表格）
LST ETHPORT	框号：________；槽位号：________；单板类型：________；端口类型：________；端口号：________；是否自协商：________；激活状态：________
DSP ETHPORT	槽位号：________；端口类型：________；端口号：________；端口状态：________；端口 IP 地址及掩码：________________；是否备份：________

查询 SCTP 链路配置及状态见表 8-3。

表 8-3　查询 SCTP 链路配置及状态

命令	结果（选取其中一条结果填入表格）
LST SCTPLNK	框号：________；槽位号：________；子系统号：________；SCTP 链路号：________；工作模式：______________；应用类型：____________；本端第一个 IP 地址：________________；对端第一个 IP 地址：________________；是否绑定逻辑端口：________
DSP SCTPLNK	链路号：______________；操作状态：______________

查询 M3UA 链路配置及状态见表 8-4。

表 8-4　查询 M3UA 链路配置及状态

命令	结果（选取其中一条结果填入表格）
LST M3LNK	链路集索引：________；信令链路编码：________；激活状态：________
DSP M3LNK	管理状态：____________；操作状态：____________；手动激活标识：____________；拥塞状态：____________

查询 DSP 配置及状态见表 8-5。

表 8-5　查询 DSP 配置及状态

命令	结果（选取其中一条结果填入表格）
LST N7DPC	目的信令点索引：________；目的信令点编码：________；相邻标识：________；目的信令点类型：________；STP 功能开关：______________
DSP N7DPC	目的信令点索引：________；网络标识：________；目的信令点编码：________；对端 SCCP 状态：________；SCCP 目的信令点拥塞状态：________；SCCP 目的信令点拥塞状态：________

查询邻节点配置及状态见表 8-6。

表 8-6　查询邻节点配置及状态

命令	结果（选取其中一条结果填入表格）
LST ADJNODE	邻节点标识：________；邻节点名称：________；节点类型：________；传输类型：________；是否根节点：________
DSP ADJNODE	邻接点标识：________；QAAL2 状态：________

查询 IPPATH 配置及状态见表 8-7。

表 8-7　查询 IPPATH 配置及状态

命令	结果（选取其中一条结果填入表格）
LST IPPATH	邻接点标识：________；IP PATH 标识：________；PATH 类型：______________；本端 IP 地址：______________；对端 IP 地址：______________；对端子网掩码：____________；接收带宽：______________；发送带宽：____________
DSP IPPATH	PATH 标识：______________；操作状态：____________

（续）

命令	结果（选取其中一条结果填入表格）
LST IPRT	框号：________；槽位号：________；目的 IP 址：________________；子网掩码：________________；下一跳：________________

六、课后习题

1. 画出 Iu-CS 接口 IP 传输协议栈。
2. Iu-CS 接口协商数据有什么作用？
3. 练习使用协商数据进行 Iu-CS 接口配置。

实验九　RNC Iu-PS 接口控制面数据配置（仿真环境）

一、实验目的

通过本实验，学生可以了解 RNC Iu-PS 接口控制面的数据配置。

二、实验器材

实验终端电脑若干台（已安装讯方通信 WCDMA-RAN 仿真软件并获取许可文件）。

三、实验内容说明

对照实物，通过现场讲解，让学生了解 RNC 主设备 Iu-PS 接口相关硬件实物。配置 Iu-PS 接口数据必须先配置控制面数据，在 RNC 设备与 CS 设备对接之前，首先必须进行双方协商数据。WCDMA 网络组网如图 9-1 所示。

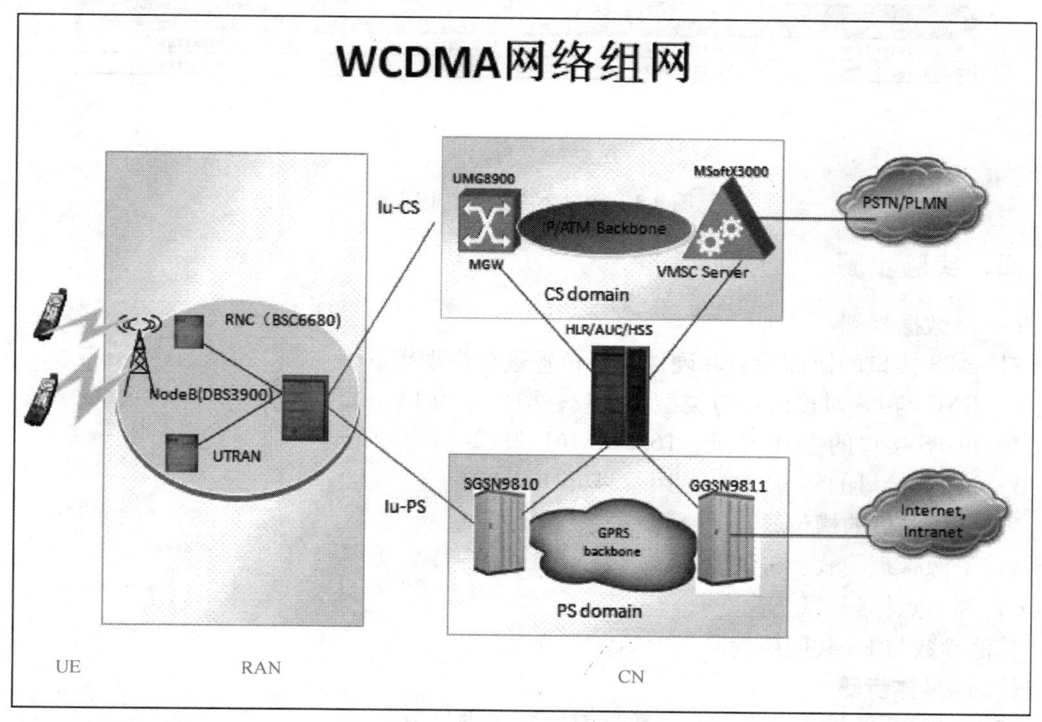

图 9-1　WCDMA 网络组网

Iu-PS 接口协商数据如图 9-2 和图 9-3 所示。

1. Iu-Flex 信息、CN 节点基本信息

Iu-Flex Flag	CN 域协议版本
No	R6

2. Iu-PS 物理层协商数据

端口类型	IP地址（SCTP）/子网掩码	RNC 下一跳接入地址/子网掩码
FE	16.224.161.21/24	16.224.161.22/24

3. Iu-PS 目的信令点 、Iu-PS 控制面协商数据

端口类型	本端IP地址（SCTP）/子网掩码	目的IP地址(SCTP)/子网掩码
FE	16.224.161.21/24	16.224.221.21/24
源信令点	目的信令点	本端 SCTP 端口号/对端 SCTP 端口号
H'A12	H'A36	4906/3000

图 9-2　接口协商数据（控制面）

本端IP地址（SCTP）/子网掩码	对端IP地址(SCTP)/子网掩码	前向带宽	后向带宽	差分服务码	Use VLAN or not	IP path 通道检测标志
16.224.161.21/24	16.124.161.52/24	50000	50000	46	No	DISABLED
16.224.161.21/24	16.124.161.53/24	50000	50000	18	No	DISABLED

图 9-3　接口协商数据（用户面）

四、实验步骤

（一）数据规划

对 Iu-PS 接口的协商参数和硬件单板位置进行规划等。

1）RNC 与 PS 对接的单板类型为 FG2；槽位号为 14；端口号为 1。

2）Iu-PS 接口的主 IP 地址：16. 224. 161. 21/24。

3）Iu-PS 接口的邻 IP 地址：16. 224. 221. 21/24。

4）SPU 单板的槽位号：0；SPU 子系统号：2。

5）资源管理模式：SHARE。

6）邻节点标识：1。

其他参数与 PS 共同协商。

（二）具体步骤

前提：RNC 的设备数据、全局数据都配置完成。

1）Iu-PS 设置以太网端口属性。

2）Iu-PS 添加以太网端口 IP 地址。

3）Iu-PS 增加 SCTP 信令链路。

4）Iu-PS 增加目的信令点。
5）Iu-PS 增加 M3UA 目的实体。
6）Iu-PS 增加 M3UA 链路集。
7）Iu-PS 增加 M3UA 链路。
8）Iu-PS 增加 M3UA 路由。
9）Iu-PS 增加传输邻节点。
10）Iu-PS 增加 CN 域。
11）Iu-PS 增加 CN 节点。

1. 启动软件

请参照实验二，此处不再赘述。

2. 配置控制面数据

1）Iu-PS 设置以太网端口属性，如图 9-4 所示。

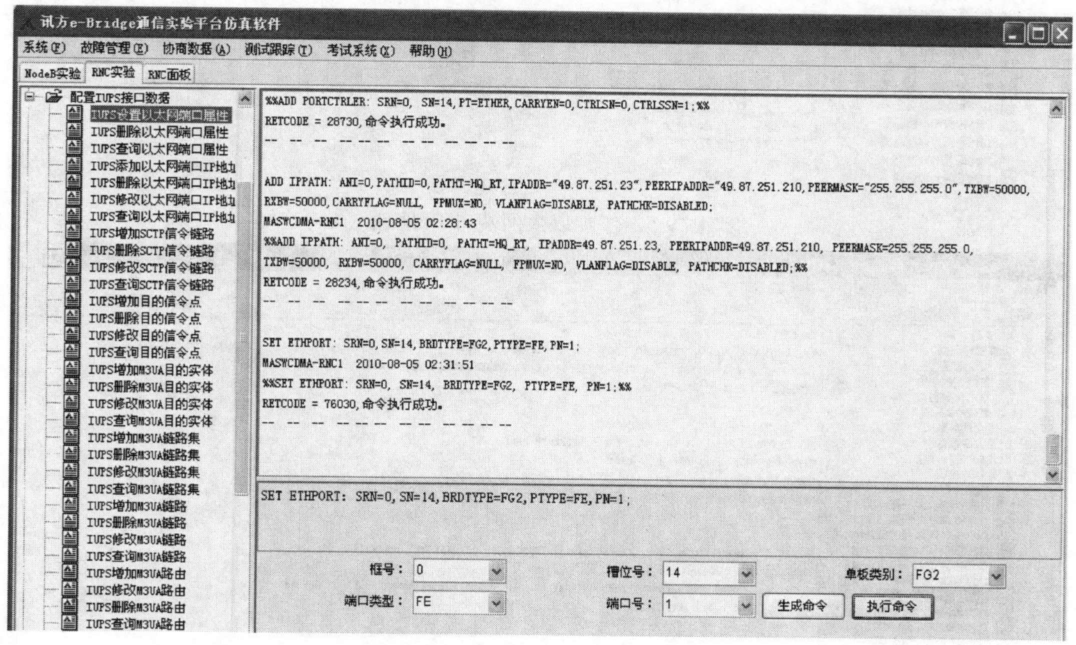

图 9-4　设置以太网端口属性

2）Iu-PS 添加以太网端口 IP 地址，如图 9-5 所示。
3）Iu-PS 增加 SCTP 信令链路，如图 9-6 所示。

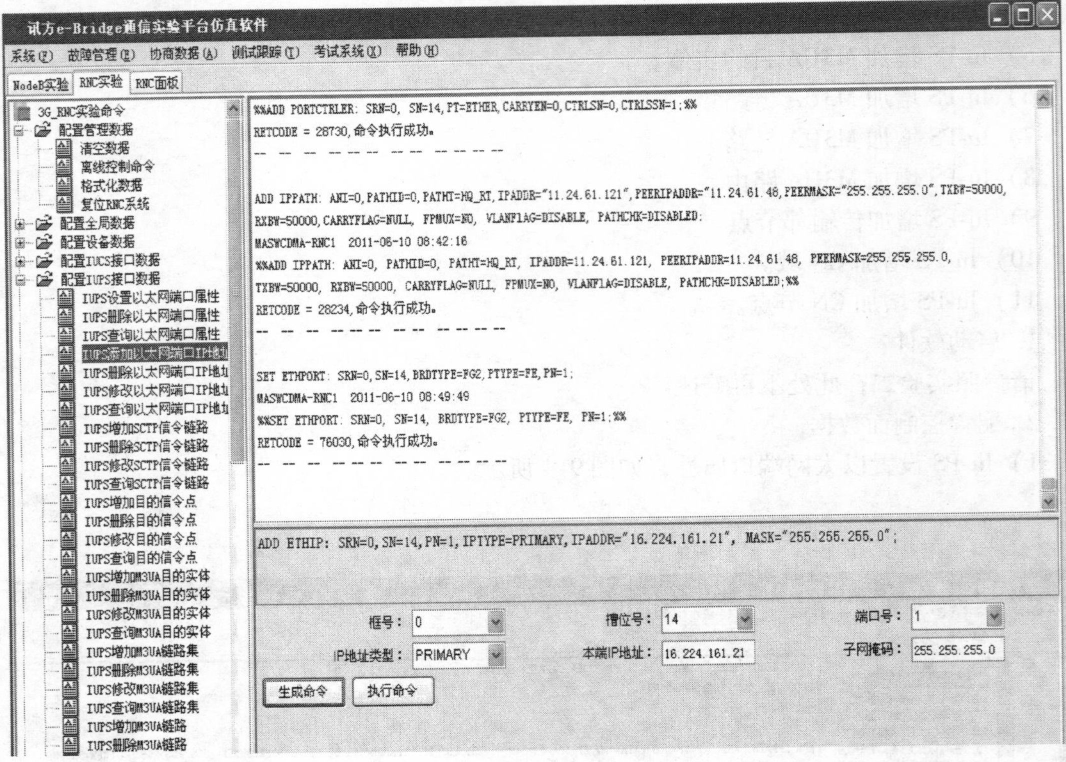

图 9-5　添加以太网端口 IP 地址

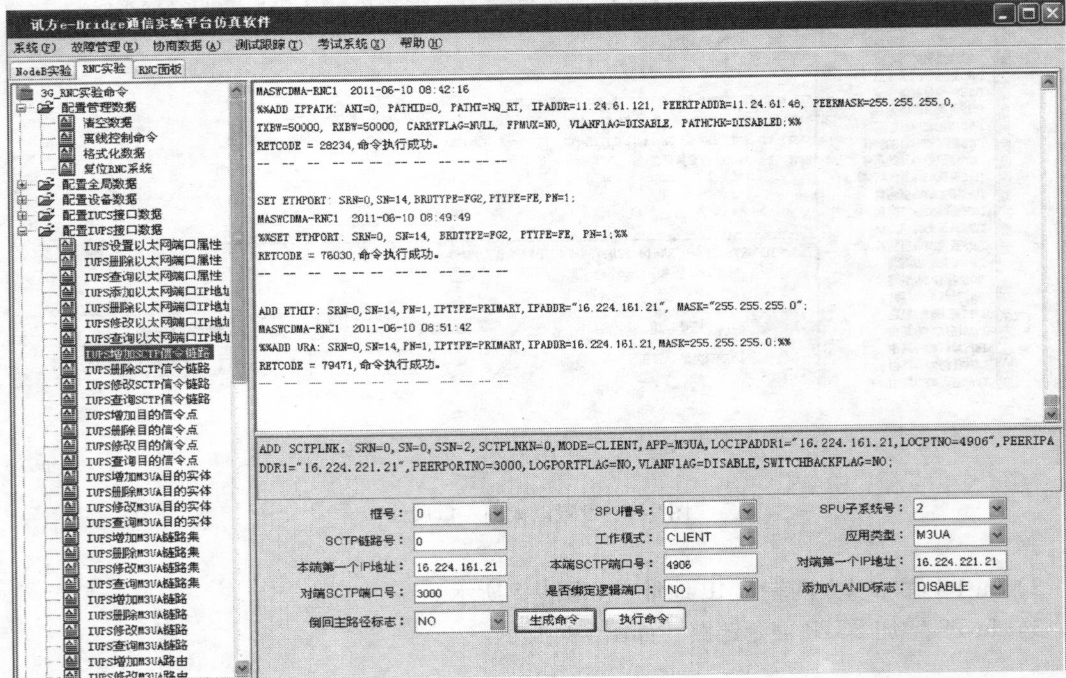

图 9-6　增加 SCTP 信令链路

4）Iu-PS 增加目的信令点，如图 9-7 所示。

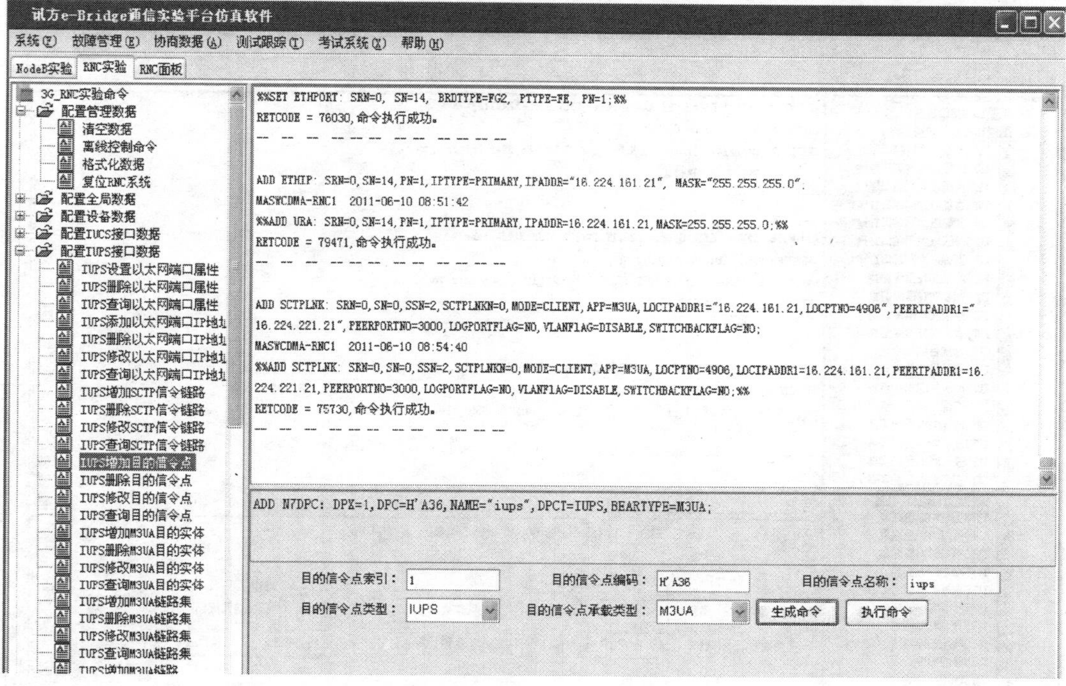

图 9-7　增加目的信令点

5）Iu-PS 增加 M3UA 目的实体，如图 9-8 所示。

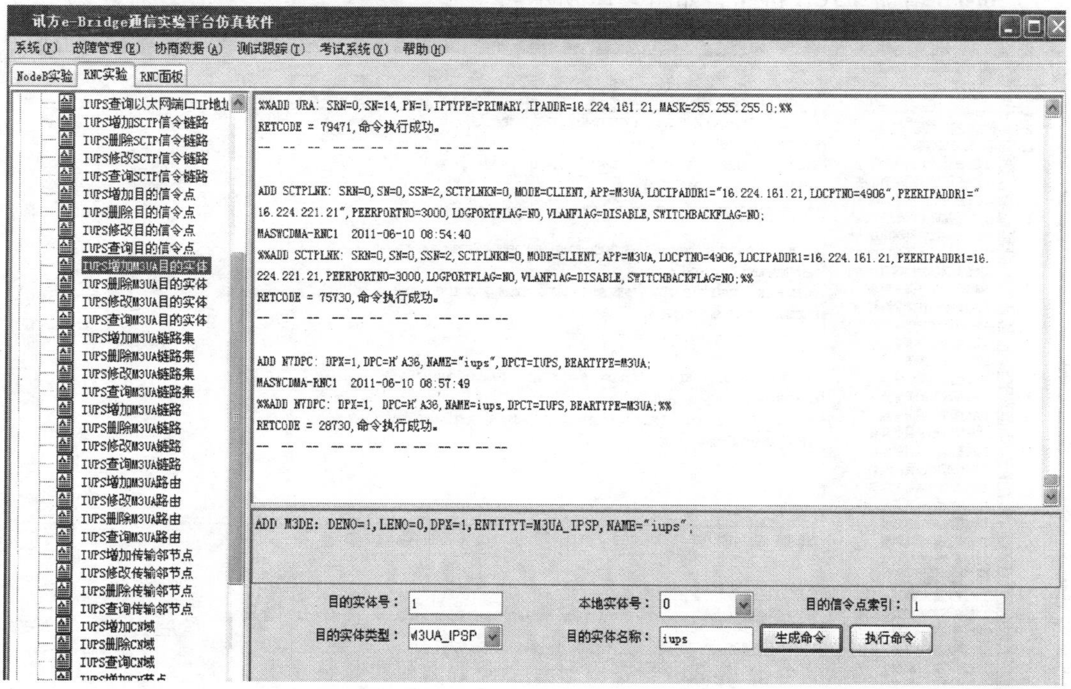

图 9-8　增加 M3UA 目的实体

6）Iu-PS 增加 M3UA 链路集，如图 9-9 所示。

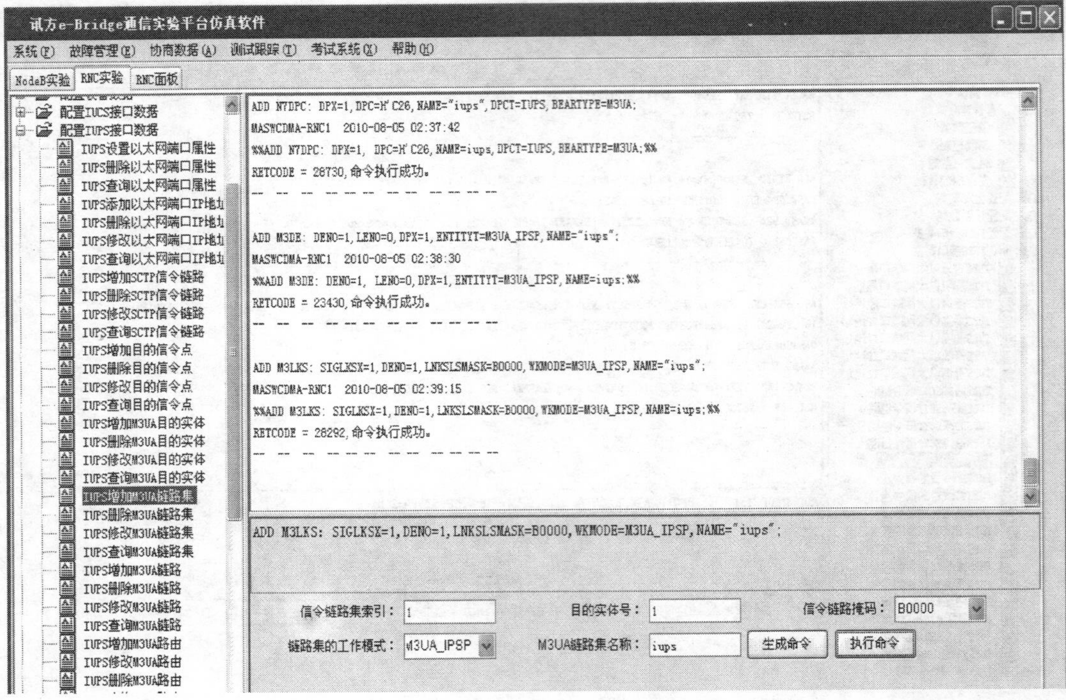

图 9-9　增加 M3UA 链路集

7）Iu-PS 增加 M3UA 链路，如图 9-10 所示。

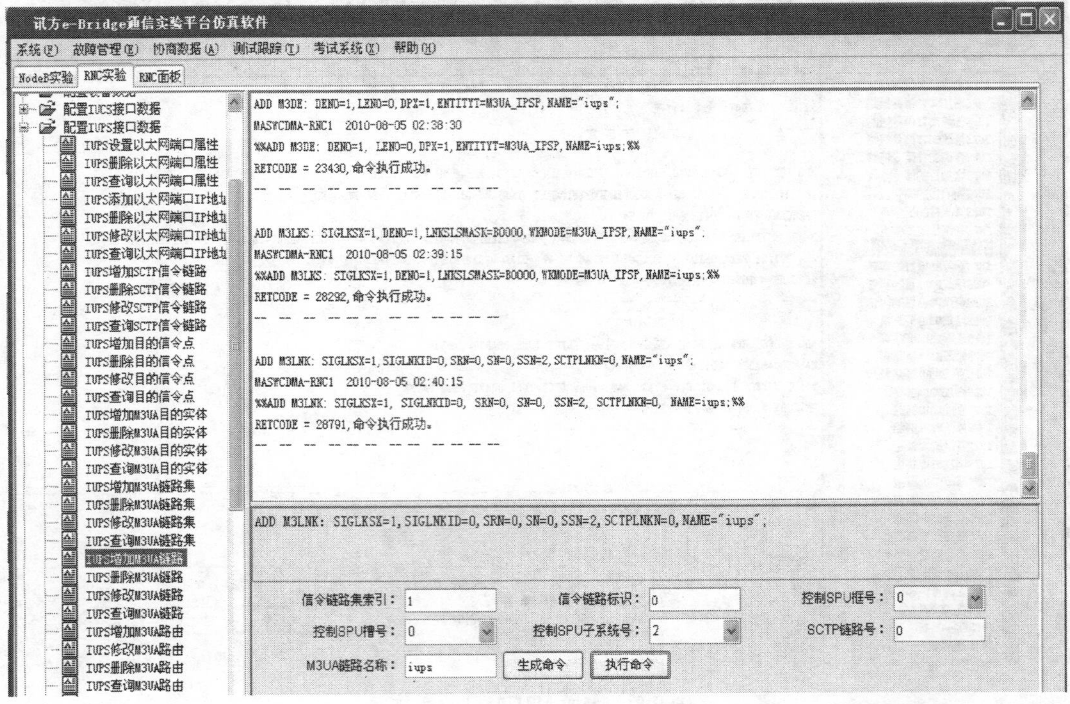

图 9-10　增加 M3UA 链路

8）Iu-PS 增加 M3UA 路由，如图 9-11 所示。

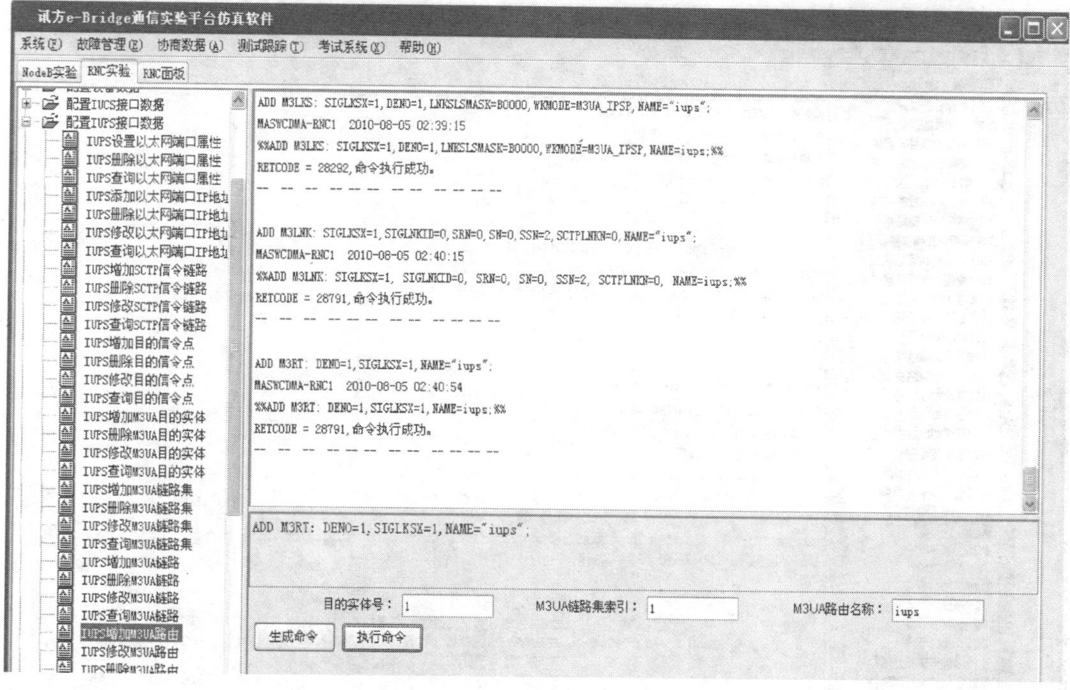

图 9-11　增加 M3UA 路由

9）Iu-PS 增加传输邻节点，如图 9-12 所示。

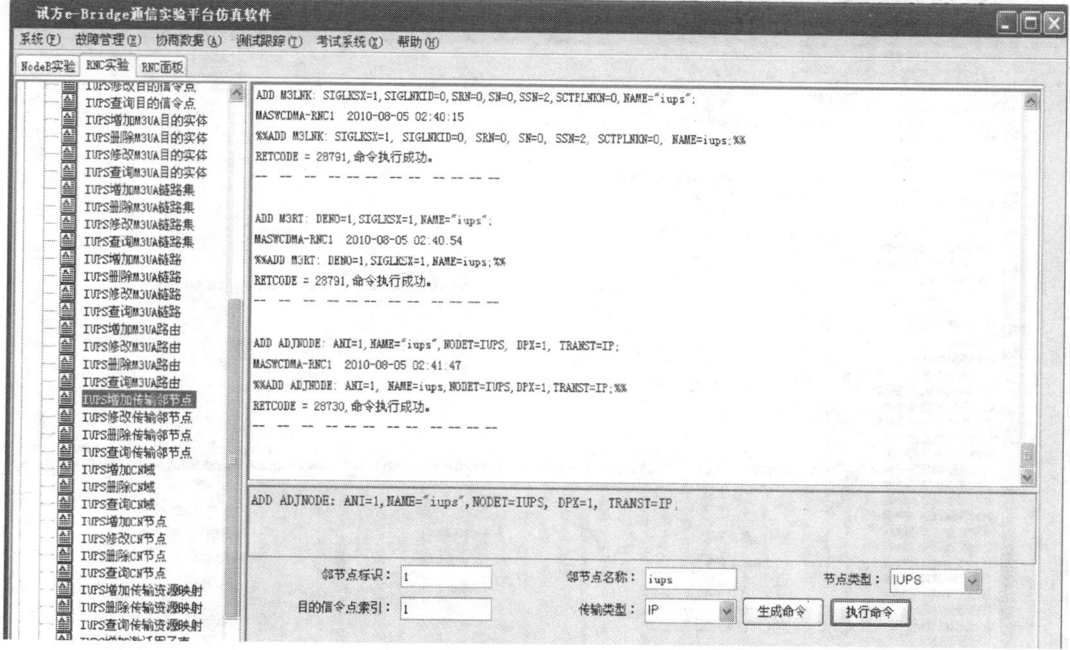

图 9-12　增加传输邻节点

10）Iu-PS 增加 CN 域，如图 9-13 所示。

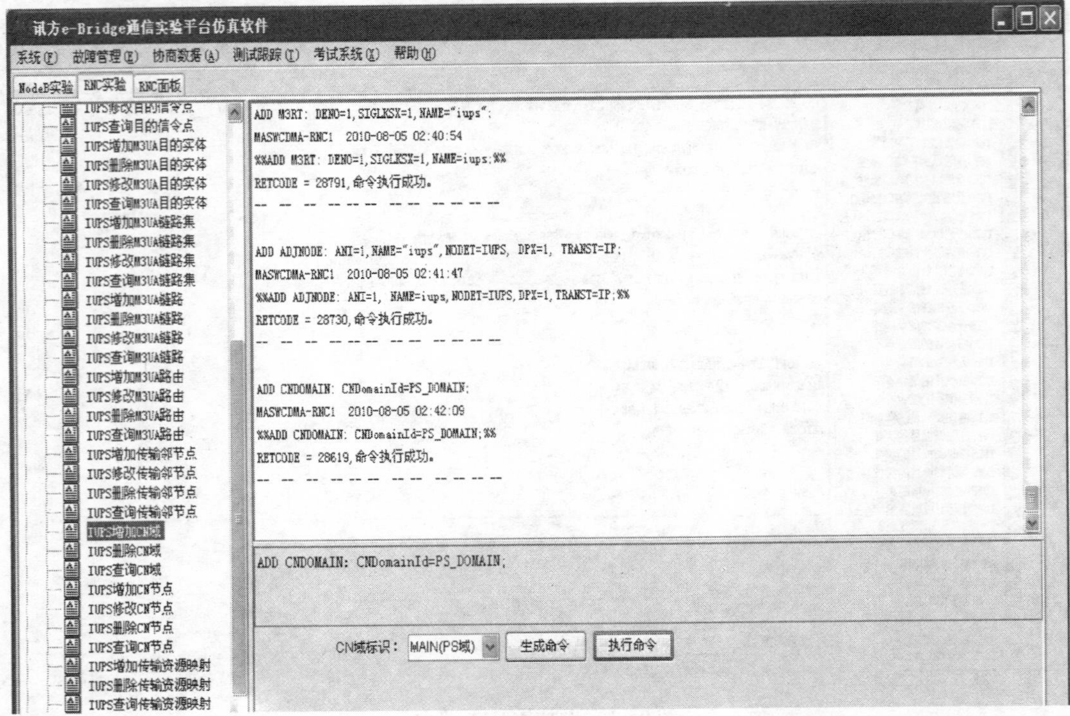

图 9-13　增加 CN 域

11）Iu-PS 增加 CN 节点，如图 9-14 所示。

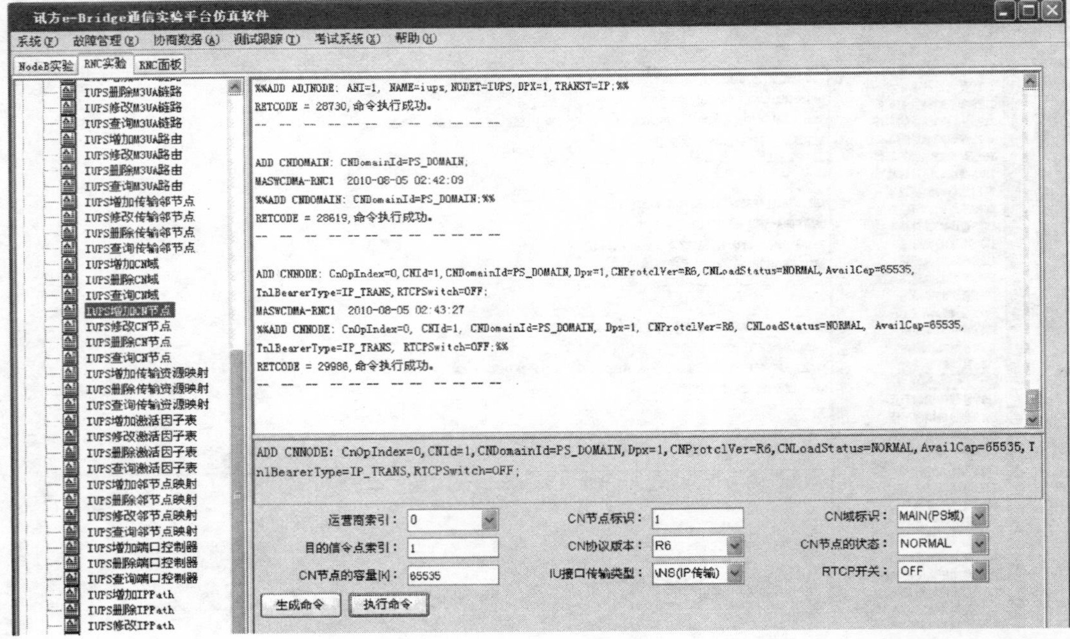

图 9-14　增加 CN 节点

至此，Iu-PS 接口控制面数据已配置完成，可进行格式化、加载、查看 Iu-CS 接口的数据是否与规划一致。

五、课后习题

1. 增加 M3UA 目的实体与目的信令点有关联吗？为什么？
2. 控制面中是否需要增加 IPPATH？为什么？

实验十　RNC Iu-PS 接口用户面数据配置（仿真环境）

一、实验目的

通过本实验，学生可以了解 RNC Iu-PS 接口用户面的数据配置。

二、实验器材

实验终端电脑若干台（已安装讯方通信 WCDMA-RAN 仿真软件并获取许可文件）。

三、实验内容说明

对照实物，通过现场讲解，让学生了解 RNC 主设备 Iu-PS 接口相关硬件实物，配置 Iu-PS 接口数据必须先配置控制面的数据，在 RNC 设备与 PS 设备对接之前，首先必须进行双方协商数据准备。WCDMA 网络组网如图 10-1 所示。

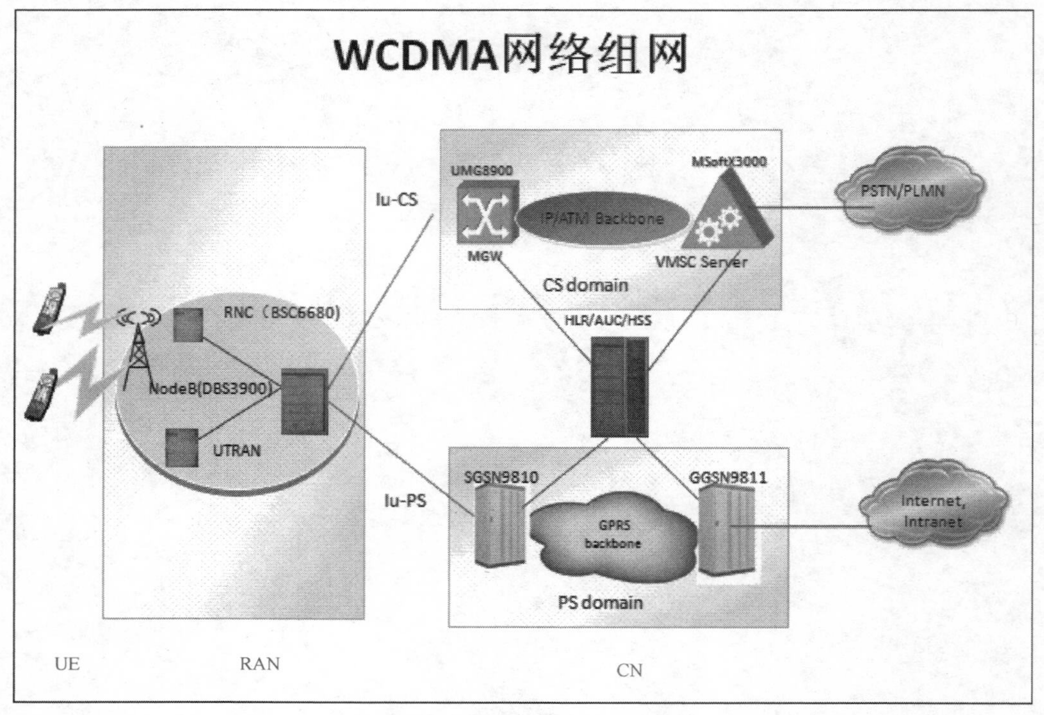

图 10-1　WCDMA 网络组网

Iu-PS 接口协商数据如图 10-2 和图 10-3 所示。

1. Iu-Flex 信息、CN 节点基本信息

Iu-Flex Flag	CN 域协议版本
No	R6

2. Iu-PS 物理层协商数据

端口类型	IP地址（SCTP）/子网掩码	RNC 下一跳接入地址/子网掩码
FE	16.224.161.21/24	16.224.161.22/24

3. Iu-PS 目的信令点 、Iu-PS 控制面协商数据

端口类型	本端IP地址（SCTP）/子网掩码	目的IP地址(SCTP)/子网掩码
FE	16.224.161.21/24	16.224.221.21/24
源信令点	目的信令点	本端 SCTP 端口号/对端 SCTP 端口号
H'A12	H'A36	4906/3000

图 10-2 接口协商数据（控制面）

本端IP地址（SCTP）/子网掩码	对端IP地址(SCTP)/子网掩码	前向带宽	后向带宽	差分服务码	Use VLAN or not	IP path 通道检测标志
16.224.161.21/24	16.124.161.52/24	50000	50000	46	No	DISABLED
16.224.161.21/24	16.124.161.53/24	50000	50000	18	No	DISABLED

图 10-3 接口协商数据（用户面）

四、实验步骤

（一）数据规划

对 Iu-PS 接口的协商参数和硬件单板位置进行规划等。

1）RNC 与 PS 域对接的单板类型为 FG2；槽位号为 14；端口号为 1。

2）Iu-PS 接口的主 IP 地址：16. 224. 161. 21/24。

3）Iu-PS 接口的邻 IP 地址：16. 124. 161. 52/24、16. 124. 161. 53/24。

4）SPU 单板的槽位号为 0，SPU 子系统号为 2。

5）资源管理模式：SHARE。

6）邻节点标识：1。

7）IP PATH 标识：1。

8）PATH 类型：HQ-RT。

9）IP PATH 的承载类型：NULL。

其他参数与 CS 共同协商。

（二）具体步骤

前提：RNC 的设备数据、全局数据、Iu-PS 接口的控制面数据都配置完成。

1）Iu-PS 增加传输资源映射。

2）Iu-PS 增加激活因子表。

3）Iu-PS 增加邻节点映射。

4）Iu-PS 增加端口控制器。

5）Iu-PS 增加 IP PATH。

6）Iu-PS 增加 IPRT。

1. 启动软件

请参照实验二，此处不再赘述。

2. 配置用户面数据

1）Iu-PS 增加传输资源映射，如图 10-4 所示。

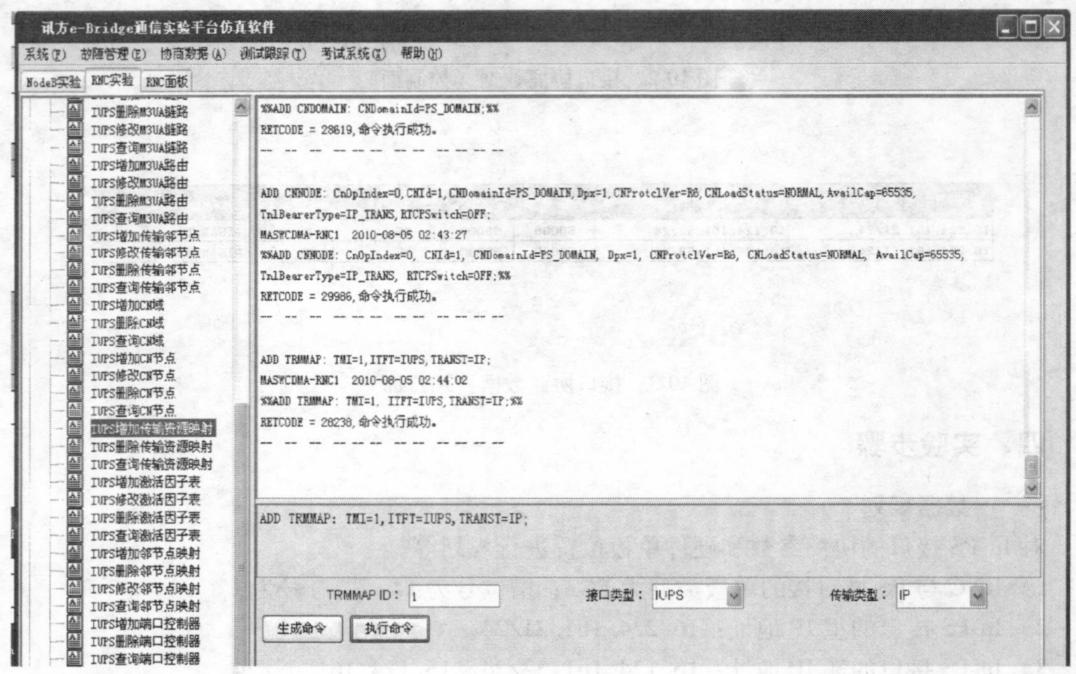

图 10-4　增加传输资源映射

2）Iu-PS 增加激活因子表，如图 10-5 所示。

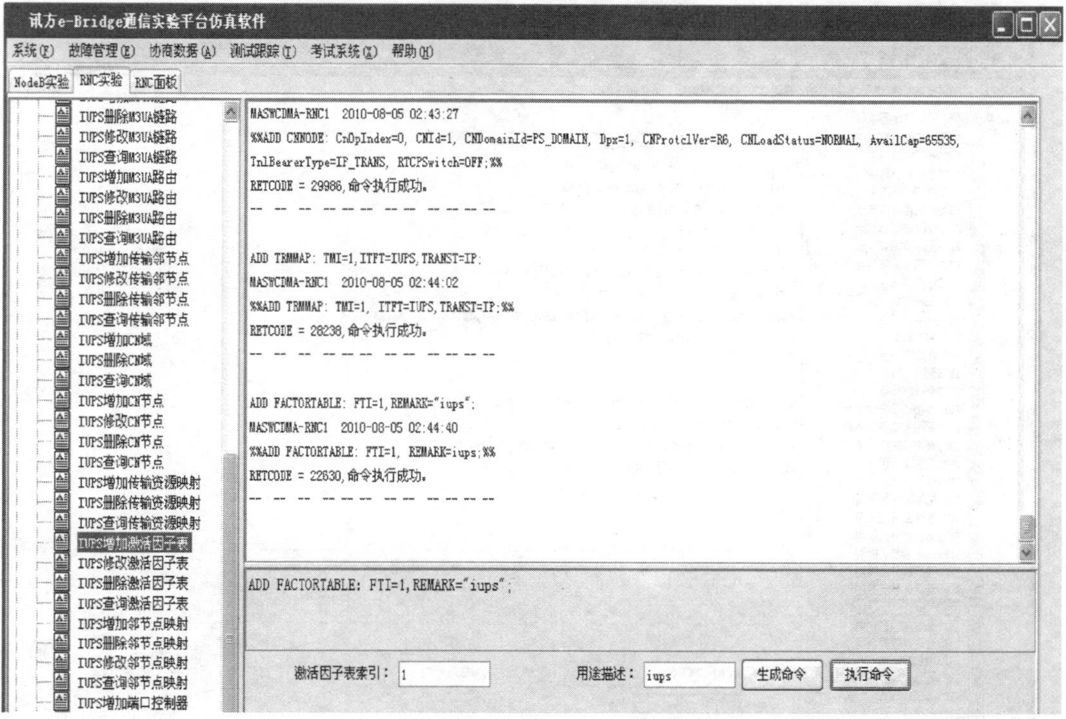

图 10-5　增加激活因子表

3）Iu-PS 增加邻节点映射，如图 10-6 所示。

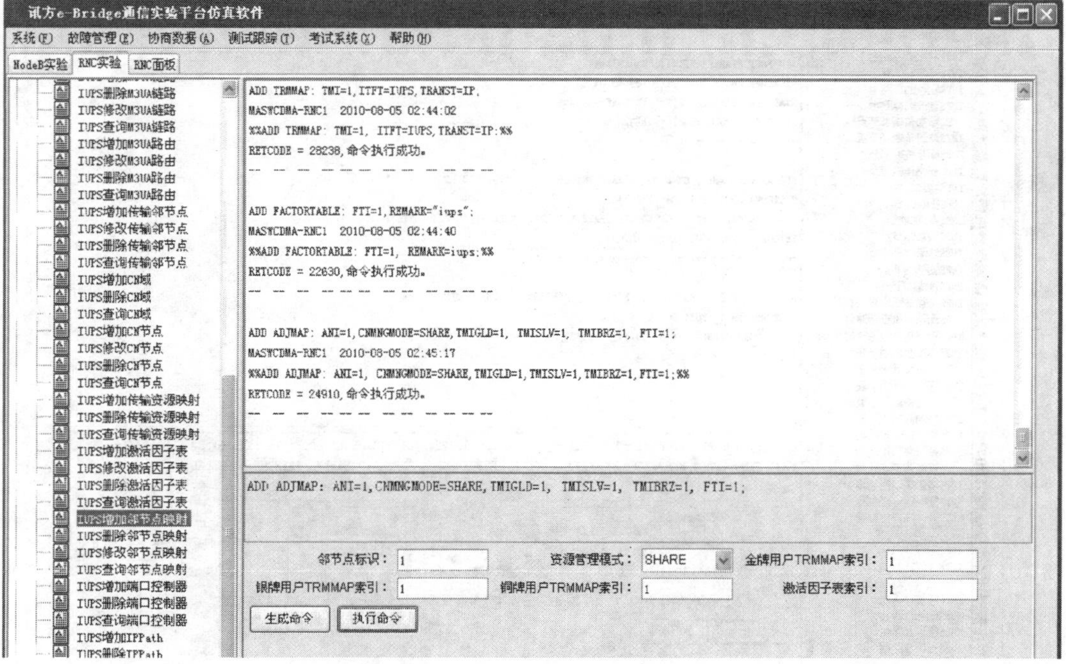

图 10-6　增加邻节点映射

4）Iu-PS 增加端口控制器，如图 10-7 所示。

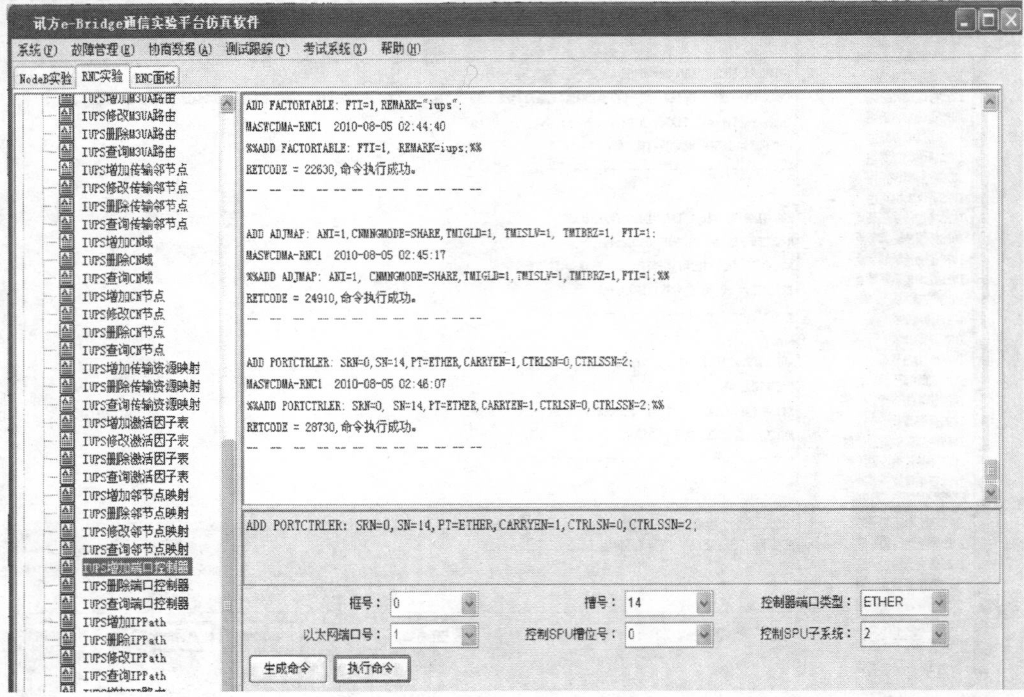

图 10-7　增加端口控制器

5）Iu-PS 增加 IP PATH（2 项），如图 10-8 和图 10-9 所示。

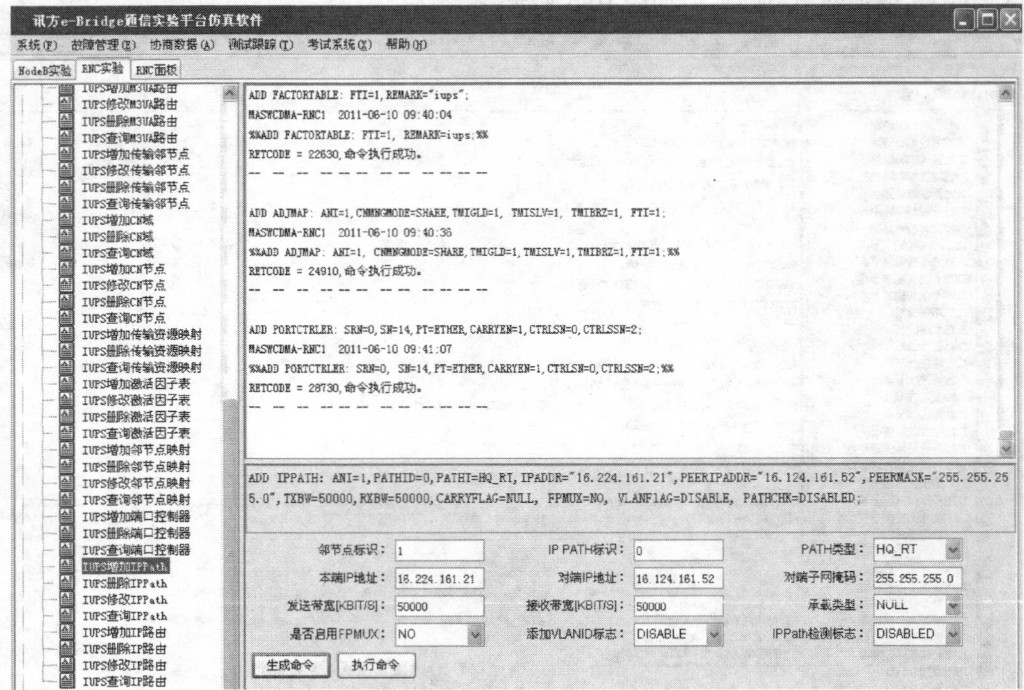

图 10-8　增加 IP PATH（1）

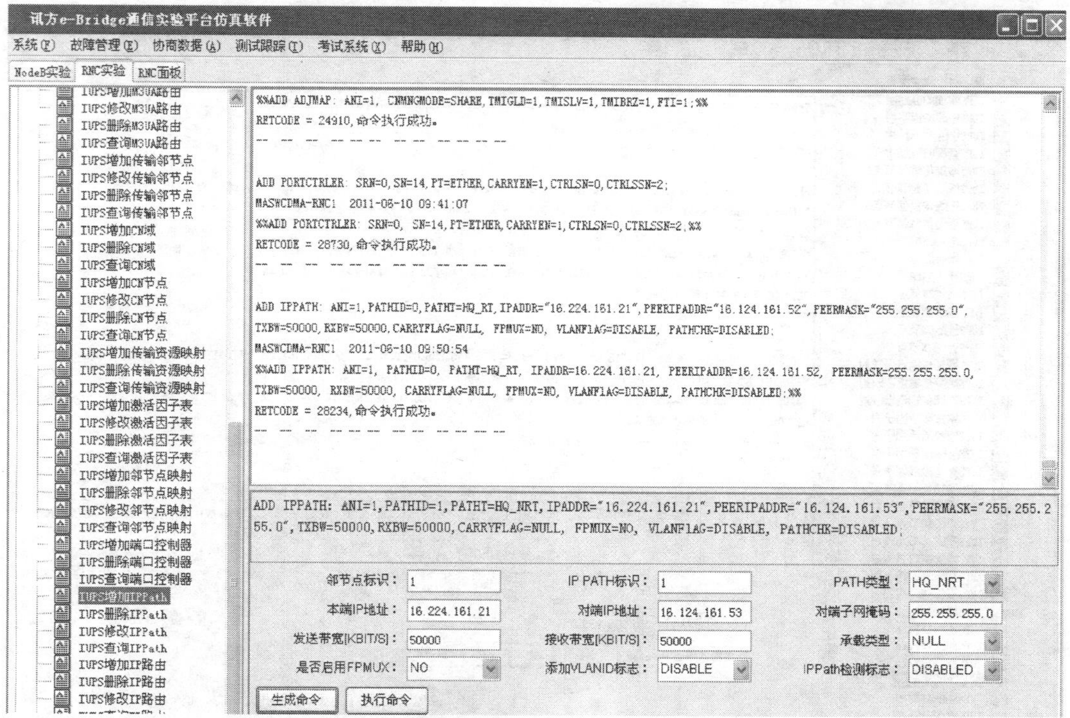

图 10-9　增加 IP PATH（2）

6）Iu-PS 增加 IPRT（2 项），如图 10-10 和图 10-11 所示。

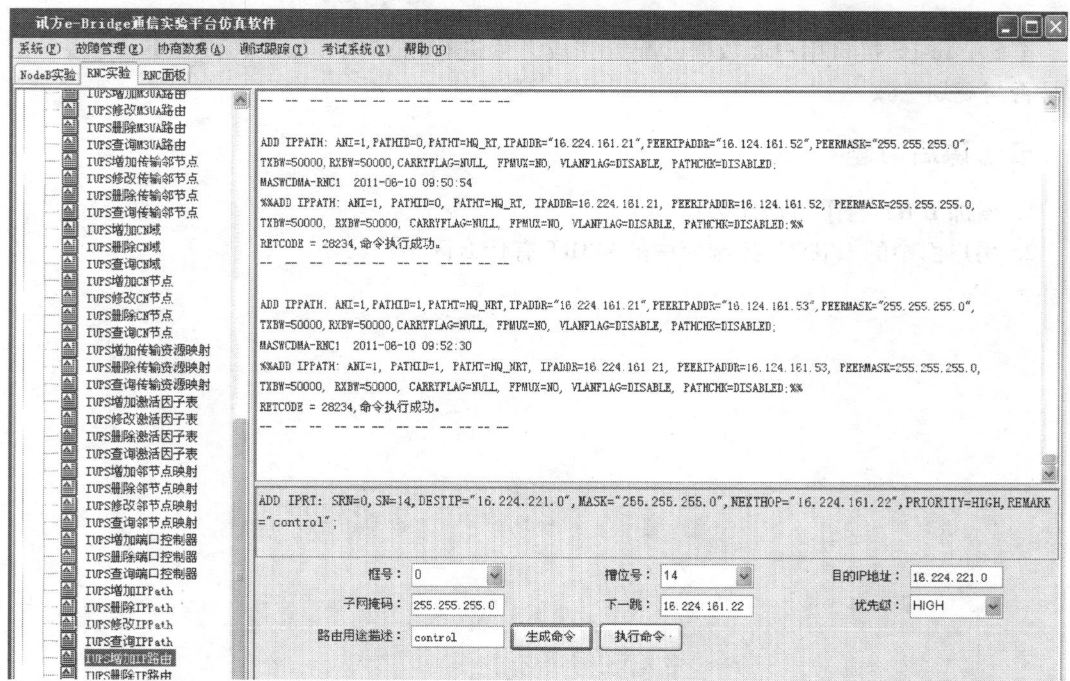

图 10-10　增加 IPRT（1）

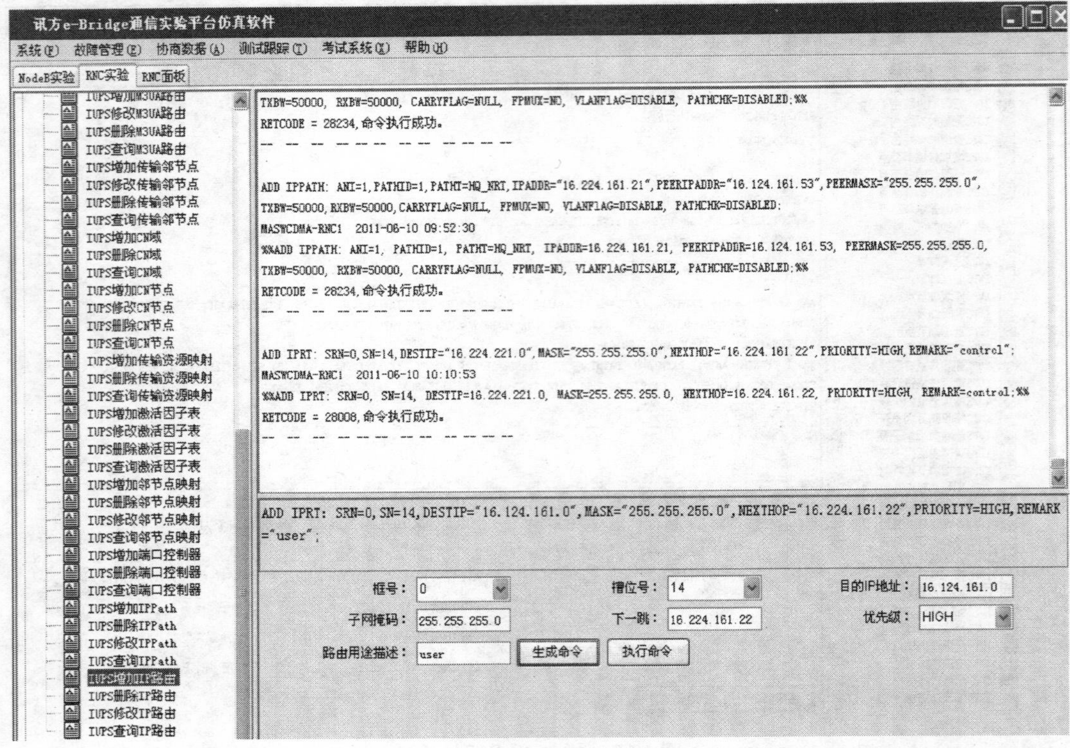

图 10-11 增加 IPRT（2）

至此，Iu-PS 接口用户面数据已配置完成，可进行格式化、加载、查看 Iu-PS 接口的数据是否与规划一致。

五、课后习题

1. 增加 IPRT 的作用是什么？
2. 用户面中的 IPRT 与控制面中的 M3RT 有什么区别？

实验十一　RNC Iu-PS 接口数据配置（真实环境）

一、实验目的

通过本实验，学生可以了解真实环境下 RNC Iu-PS 接口的数据配置步骤。

二、实验器材

WCDMA-RNC 设备：BSC6810。
WCDMA-NodeB 设备：DBS3900。
实验终端电脑若干台（已安装讯方通信 WCDMA-RAN 仿真软件并获取许可文件）。

三、实验内容说明

Iu-PS 接口 IP 传输协议栈如图 11-1 所示。

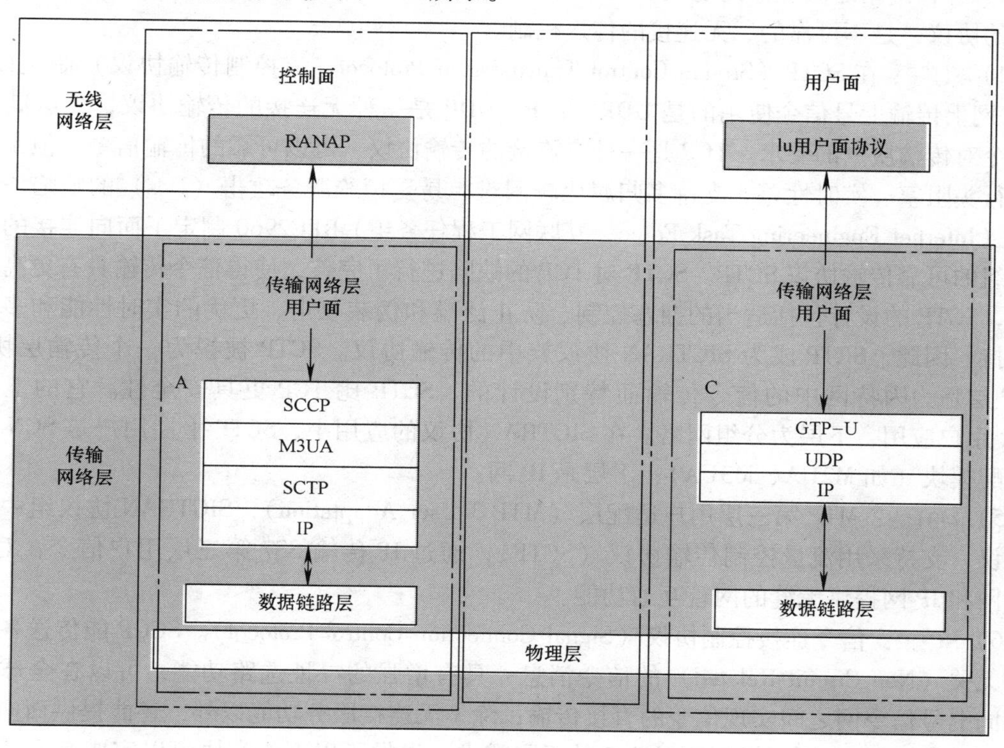

图 11-1　Iu-PS 接口 IP 传输协议栈

1）物理层：是计算机网络 OSI 模型中最低的一层，它创建、维持和拆除传输数据所需要的物理链路，提供具有机械和电子功能及规范的特性。物理层的传输单位为比特（bit），即一个二进制位（“0”或“1”）。实际的比特传输必须依赖于传输设备和物理媒体。但是，物理层不是指具体的物理设备，也不是指信号传输的物理媒体，而是指在物理媒体之上并为上一层（数据链路层）提供一个传输原始比特流的物理连接。物理层主要是提供 IP 的传输通道，将 IP 层传来的数据加上其传输开销后形成连续的比特流，同时在接收端收到物理媒介上传来的连续比特流后，取出有效的数据传给 IP 层。物理层主要功能包括：传输信道的信道交织/解交织、传输信道的复用、CCTrcH 的解复用、速率匹配、CCTrCH 到物理信道的映射、物理信道的调制/扩频与解调/解扩、物理信道的功率加权与组合；向上层提供测量及指示（如 FER、SIR、干扰功率、发送功率等），传输信道的错误检测；宏分集分布/组合、软切换执行；频率和时间（码片、比特、时隙、帧）的同步；闭环功率控制；射频处理等。物理层具体功能和有关描述涉及 WCDMA 基本原理，不是本书描述主要内容，请参见有关协议和参考资料。

2）数据链路层：为 OSI 模型中的第二层，提供相邻节点间透明、可靠的信息传输服务，可分为 MAC 层和 RLC 层。MAC（Medium Access Control）层主要功能包含：映射、复用、HARQ 和无线资源分配。RLC（Radio Link Control）层顾名思义，主要提供无线链路控制功能。RLC 包含 TM、UM 和 AM 三种传输模式，主要提供纠错、分段、级联、重组等功能 。

3）IP：网络之间互连的协议（Internet Protocol）是为计算机网络相互连接进行通信而设计的协议，是不可靠的、无连接的传送机制。

4）SCTP：在 SCTP（Stream Control Transmission Protocol，流控制传输协议）制定以前，在 IP 网上传输七号信令使用的是 UDP、TCP。UDP 是一种无连接的传输协议，无法满足七号信令对传输质量的要求。TCP 是一种有连接的传输协议，可以可靠的传输信令，但是 TCP 具有行头阻塞、实时性差、支持多归属比较困难、易受拒绝服务攻击（Dos）的缺陷。因此 IETF（Internet Engineering Task Force，互联网工程任务组）RFC2960 制定了面向连接的、基于分组的可靠传输协议 SCTP。SCTP 对 TCP 的缺陷进行了完善，使得信令传输具有更高的可靠性，SCTP 的设计包括适当的拥塞控制、防止泛滥和伪装攻击、更优的实时性能和多归属性支持。因此，SCTP 成为 SIGTRAN 协议族中的传输协议。SCTP 被视为一个传输层协议，SCTP 层是为因特网中的信令传输而特别设计的，SCTP 比 TCP 更具安全性。它的上层为 SCTP 用户应用，下层为分组网络。在 SIGTRAN 协议的应用中，SCTP 上层用户是 SCN 信令的适配模块（如 M2UA、M3UA），下层是 IP 网。

5）M3UA：MTP 第三层用户适配层（MTP 3 User Adaptation），SIGTRAN 协议组中的一个协议，支持采用流量控制传输协议（SCTP），通过 IP 传输 SS7 第三层用户信令，对 SS7 信令网和 IP 网提供无缝的网管互通功能。

6）SCCP：信令连接控制协议（Signal Connection Control Protocol）。SCCP 能传送各种与电路无关（Non-Circuit-Related）的信令消息；具有增强的寻址选路功能，可以在全球互连的不同七号信令网之间实现信令的直接传输；除了无连接服务功能以外，还能提供面向连接的服务功能。SCCP 层根据用户对业务的不同需求，提供了以下 4 类协议以完成有不同质量要求的用户业务的传递：基本无连接业务类、顺序无连接业务类、基本面向连接业务类、流量控制的面向连接业务类。

7）RANAP：Iu 接口 CS 域的控制面采用 RANAP，运用 SCCP 提供的 0 类与 2 类业务类型。根据消息传送方式的不同，RANAP 的基本过程可以分为两类：面向连接型和无连接型。

前者在 Iu 接口需要建立一个专用的连接，与特定的单个 UE 相关；后者在 RNC 与 CN 间传送，不必建立专用连接。RANAP 负责 CS、PS 域的 CN 和 RNC 之间的信令交互，包括一系列的基本过程：无线接入承载 RAB 的分配和释放请求、Iu 连接的释放请求和释放、SRNS 重置、寻呼、UE 通用 ID 等。

Iu-PS 没有采用传输网络控制面，这是因为建立 GTP 隧道只需要隧道标识、源和目的 IP 地址即可，而这些消息已经包含在 RANAP RAB 分配消息中。在 Iu-PS 用户面中，GTP-U（GPRS 隧道协议-用户面部分）指的是标识各个分组数据流的复用层，每个数据流使用 UDP 无连接传输和 IP 寻址。Iu-PS 和 Iu-CS 接口数据配置方法上一样，Iu-PS 控制面和用户面链路与硬件单板的关系如图 11-2 所示。

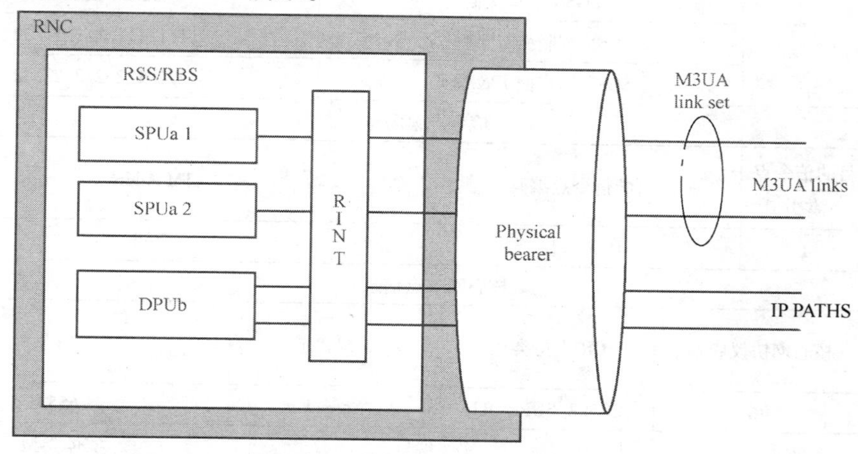

图 11-2　Iu-PS 控制面和用户面链路与硬件单板的关系

图中，M3UA 链路是 M3UA 信令链路集中的链路，编号范围（即信令链路标识）为 0～63。一个 Iu-PS 接口至少存在一条 M3UA 链路，建议规划两条或两条以上。M3UA 链路的承载在 SCTP 链路上。为了减少 SPU 子系统间的信令交互，建议将规划的 SCTP 链路平均分布在 RSS/RBS 框的各个 SPU 子系统上。IP PATH 是到对端邻节点的一组通路，编号范围（即 PATH ID）为 0～65535。一个 Iu-PS 接口至少存在一条 IP PATH，建议规划两条或两条以上。

Iu-PS 接口数据配置流程如图 11-3 所示。

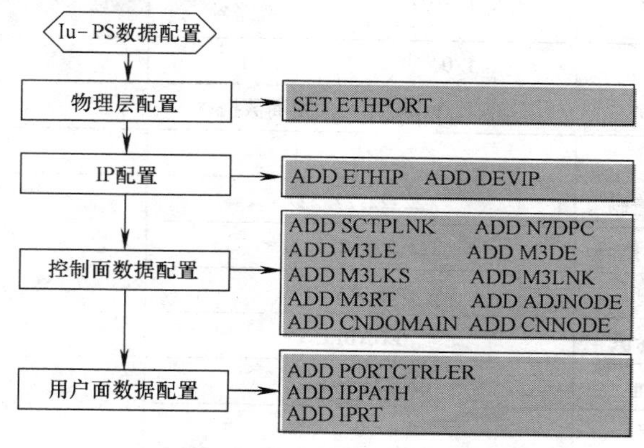

图 11-3　Iu-PS 接口数据配置流程

Iu-PS 接口协商数据见表 11-1。

表 11-1　Iu-PS 接口协商数据

Iu-PS 物理层端口协商数据

参数项目	参数	值
Iu-PS 物理端口	框号	0
	槽位号	16
	端口号	2
	RNC 端口 IP& 掩码	22. 22. 22. 22
	SGSN 端口掩码	22. 22. 22. 222
	SGSN 控制面 IP& 掩码	111. 111. 111. 11/32
	SGSN 用户面 IP& 掩码	222. 222. 222. 22/32

信令点编码

设备	目的信令点索引	目的信令点编码	ATM Address
SGSN	1	H′002222	Null

核心网节点信息

核心网节点编号 CN	核心网协议版本	CR 支持类型	加载状态	容量
1	R6	CR528_SUPPORT	Normal	65535

参数	实体编号	实体类型
M3LE	0	IPSP
M3DE	1	IPSP

Iu-PS 控制面协商数据

参数	SCTP 链路号	信令链路模式	应用类型	SPU 子系统号	第一个本地 IP	第一个目的 IP	目的 SCTP 端口号	逻辑端口号
SCTP 链接	5	client	M3UA	2	22. 22. 22. 22	111. 111. 111. 11	4004	No

参数	信令链路号	SPU 子系统号	SCTP 链路号	M3 链路集	工作模式
M3 link	0	1/0	1	1	IPSP

Iu-PS 用户面协商数据

参数		值	邻节点号
IP PATH	本地 IP 地址和掩码	22. 22. 22. 22	1
	下一跳 IP 地址和掩码	222. 222. 222. 11	
	IP PATH 类型	QOS_PATH	
	IP PATH 校验标识	ENABLE	
	下一跳 IP 地址	10. 200. 193. 13	
	IP PATH 编号	0	
	发送/接收带宽	20000	

四、实验步骤

1. 配置控制面数据

1）Iu-PS 设置以太网端口属性，如图 11-4 所示。

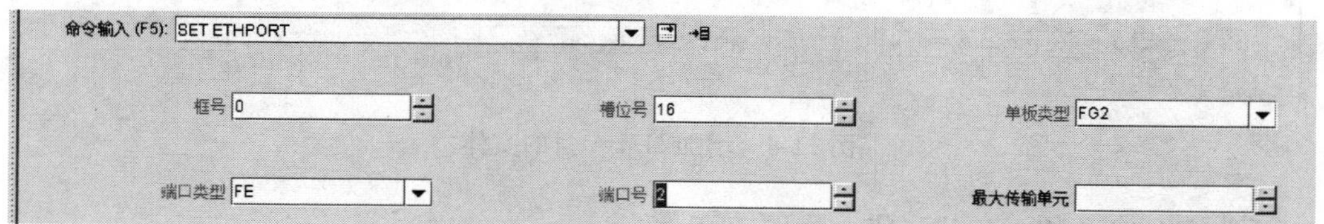

图 11-4 设置以太网端口属性

2）Iu-PS 添加以太网端口 IP 地址，如图 11-5 所示。

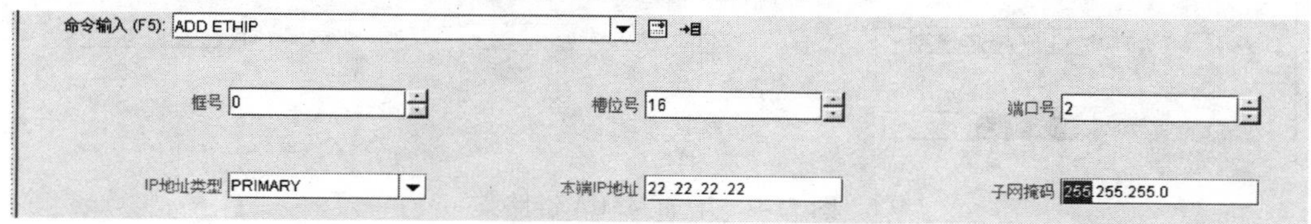

图 11-5 添加以太网端口 IP 地址

3）Iu-PS 增加 SCTP 信令链路，如图 11-6 所示。

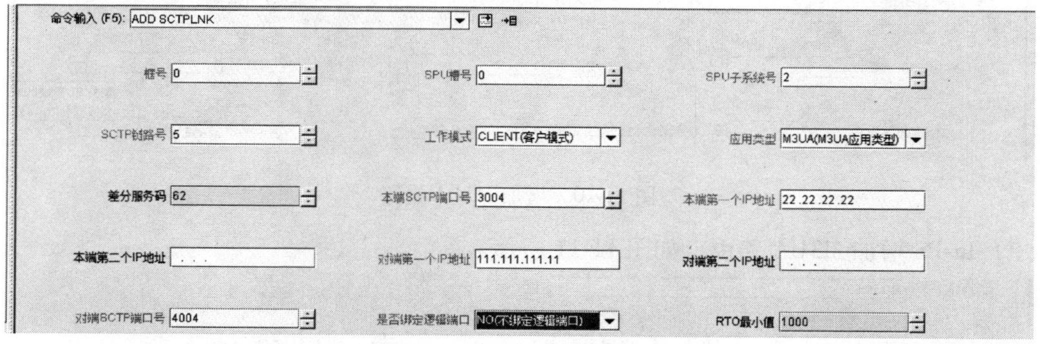

图 11-6 增加 SCTP 信令链路

4）Iu-PS 增加目的信令点，如图 11-7 所示。

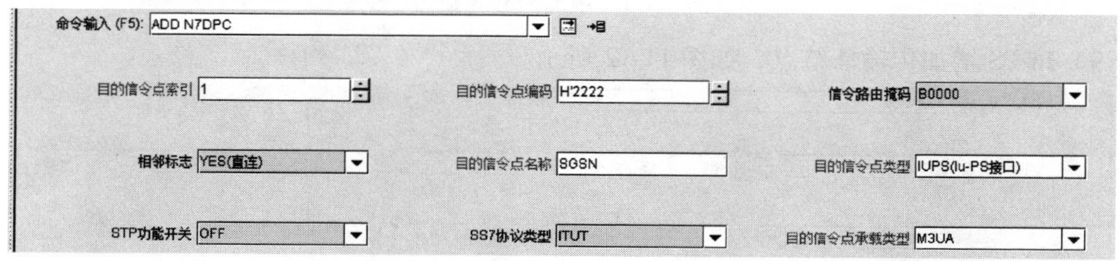

图 11-7 增加目的信令点

5）Iu-PS 增加 M3UA 目的实体，如图 11-8 所示。

图 11-8　增加 M3UA 目的实体

6）Iu-PS 增加 M3UA 链路集，如图 11-9 所示。

图 11-9　增加 M3UA 链路集

7）Iu-PS 增加 M3UA 链路，如图 11-10 所示。

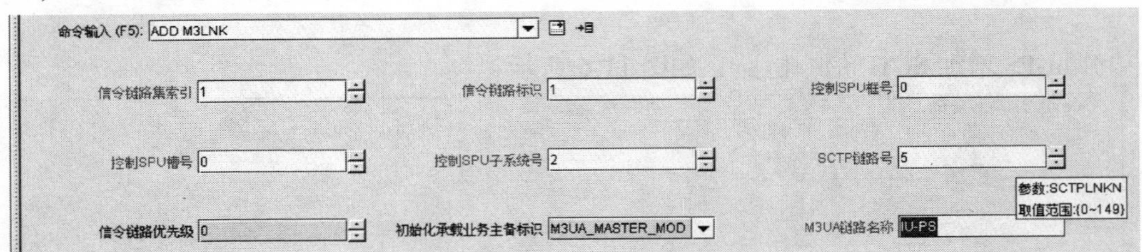

图 11-10　增加 M3UA 链路

8）Iu-PS 增加 M3UA 路由，如图 11-11 所示。

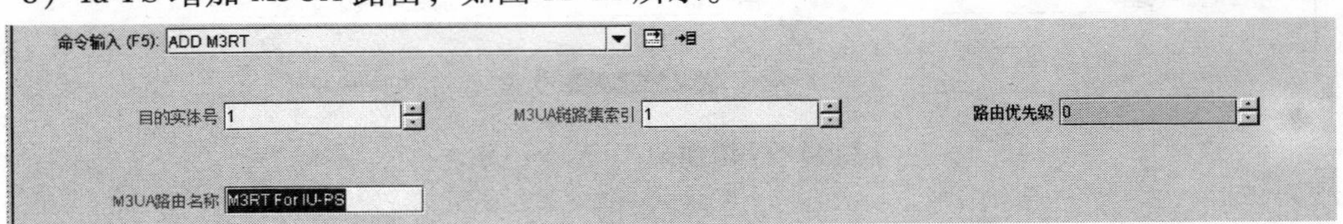

图 11-11　增加 M3UA 路由

9）Iu-PS 增加传输邻节点，如图 11-12 所示。

图 11-12　增加传输邻节点

10）Iu-PS 增加 CN 域，如图 11-13 所示。

命令输入 (F5): ADD CNDOMAIN

CN域标识 PS_DOMAIN(PS域)　网络运营模式 MODE2(模式II)　非连续循环周期长度系数 6

图 11-13　增加 CN 域

11）Iu-PS 增加 CN 节点，如图 11-14 所示。

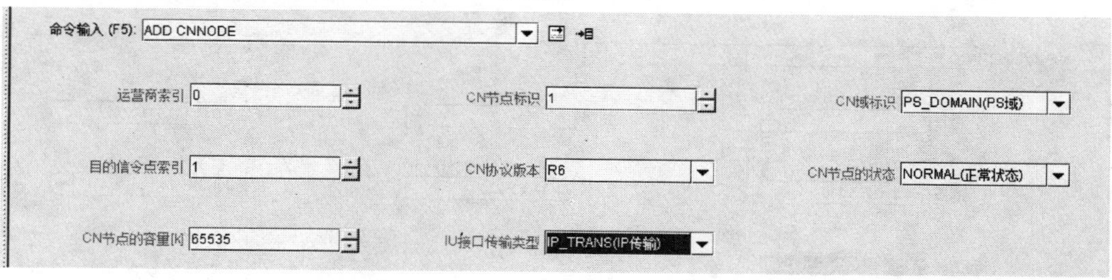

图 11-14　增加 CN 节点

至此，Iu-PS 控制面数据已配置完成。

2. 用户面数据配置

1）Iu-PS 增加端口控制器，如图 11-15 所示。

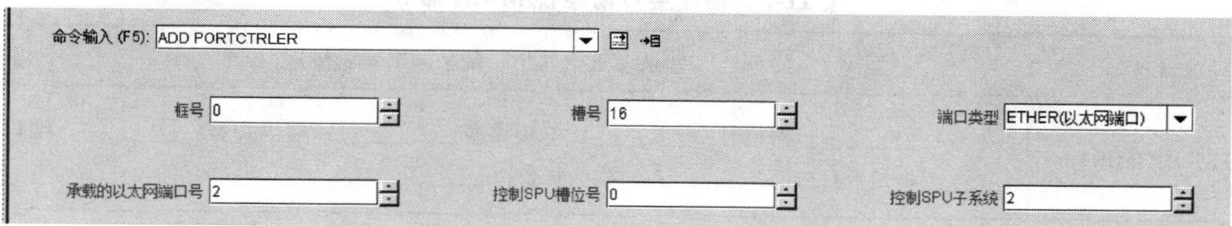

图 11-15　增加端口控制器

2）Iu-PS 增加 IP PATH，如图 11-16 所示。

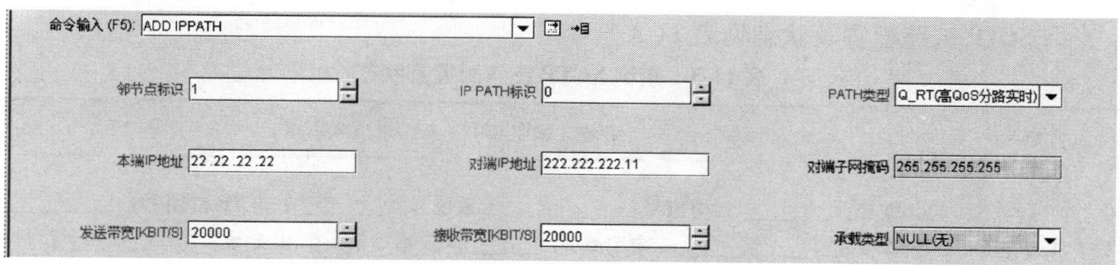

图 11-16　增加 IP PATH

3）Iu-PS 增加 IPRT（2 项），如图 11-17 所示。

注：此路由到 SGSN 控制面，如图 11-18 所示。

至此，Iu-PS 用户面数据已配置完成，可进行格式化、加载、查看 Iu-PS 接口的数据是否与规划一致。

命令输入 (F5): ADD IPRT
框号 0
槽位号 16
目的IP地址 222.222.222.11
子网掩码 255.255.255.255
下一跳 22.22.22.200
优先级 HIGH
路由用途描述 pl Plane_1 to 10.200.193.0

图 11-17　增加 IPRT（1）

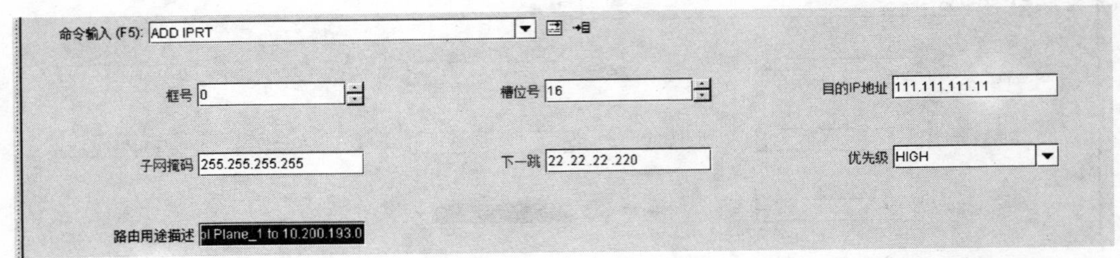

图 11-18　增加 IPRT（2）

五、实验验证

物理层日常维护 MML 命令见表 11-2。

表 11-2　物理层日常维护 MML 命令

命令	结果（选取其中一条结果填入表格）
LST ETHPORT	框号：________；槽位号：________；单板类型：________；端口类型：________；端口号：________；是否自协商：________；激活状态：________
DSP ETHPORT	槽位号：________；端口类型：________；端口号：________；端口状态：________；端口 IP 地址及掩码：________________；是否备份：________

查询 SCTP 链路配置及状态见表 11-3。

表 11-3　查询 SCTP 链路配置及状态

命令	结果（选取其中一条结果填入表格）
LST SCTPLNK	框号：________；槽位号：________；子系统号：________；SCTP 链路号：____________；工作模式：____________；应用类型：________；本端第一个 IP 地址：____________；对端第一个 IP 地址：______________；是否绑定逻辑端口：________________
DSP SCTPLNK	链路号：____________；操作状态：____________

查询 M3UA 链路配置及状态见表 11-4。

表 11-4　查询 M3UA 链路配置及状态

命令	结果（选取其中一条结果填入表格）
LST M3LNK	链路集索引：________；信令链路标识：________；激活状态：________；
DSP M3LNK	管理状态：________；操作状态：________________；手动激活标识：________；拥塞状态：________

查询 DSP 配置及状态见表 11-5。

表 11-5　查询 DSP 配置及状态

命令	结果（选取其中一条结果填入表格）
LST N7DPC	目的信令点索引：________；目的信令点编码：________；相邻标识：________；目的信令点类型：________；STP 功能开关：________________
DSP N7DPC	目的信令点索引：________；网络标识：________；目的信令点编码：________；对端 SCCP 状态：________；SCCP 目的信令点拥塞状态：________；SCCP 目的信令点拥塞状态：________

查询邻节点配置及状态见表 11-6。

表 11-6　查询邻节点配置及状态

命令	结果（选取其中一条结果填入表格）
LST ADJNODE	邻节点标识：________；邻节点名称：________；节点类型：________；传输类型：________；是否根节点：________

查询 IP PATH 配置及状态见表 11-7。

表 11-7　查询 IP PATH 配置及状态

命令	结果（选取其中一条结果填入表格）
LST IP PATH	邻接点标识：________；IP PATH 标识：________；PATH 类型：________；本端 IP 地址：________；对端 IP 地址：________；对端子网掩码：________；接收带宽：________；发送带宽：________
DSP IP PATH	PATH 标识：________；操作状态：________；
LST IPRT	框号：____；槽位号：____；目的 IP 址：________；子网掩码：________；下一跳：____________

六、课后习题

1. 画出 Iu-PS 接口 IP 传输协议栈。
2. Iu-PS 接口协商数据有什么作用？
3. 练习使用协商数据进行 Iu-PS 接口配置。

实验十二　RNC Iub 接口数据配置（仿真环境）

一、实验目的

通过本实验，学生可以了解 RNC Iub 接口数据配置及作用。

二、实验器材

实验终端电脑若干台（已安装讯方通信 WCDMA-RAN 仿真软件并获取许可文件）。

三、实验内容说明

在 RNC 设备与 NodeB 设备对接之前需准备双方协商数据准备及组网。WCDMA 网络组网如图 12-1 所示。

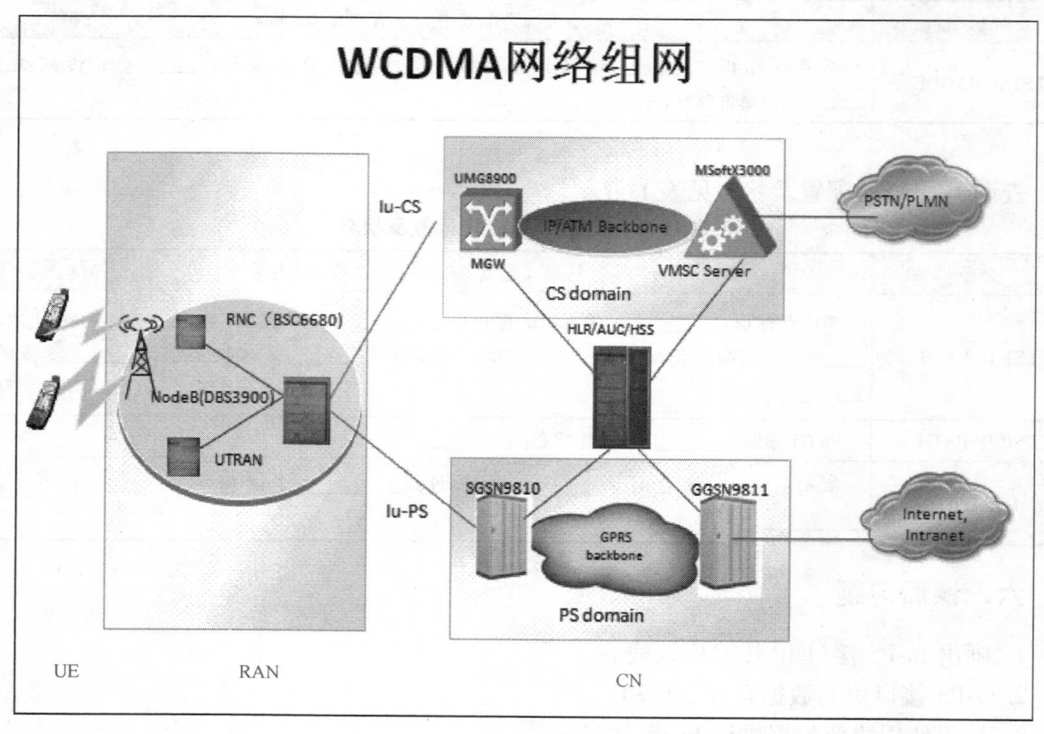

图 12-1　WCDMA 网络组网

Iub 接口协商数据如表 12-1 所示。

表 12-1　接口协商数据

物理层和链路协商数据			Iub 控制面协商数据			Iub 用户面协商数据		Iub IP 地址协商数据		
接口板类型	以太网端口 IP 地址/子网掩码	以太网端口对端 IP 地址/子网掩码	本端主 IP 地址/子网掩码（SCTP）	对端主 IP 地址/子网掩码（SCTP）	本端 SCTP 端口号/对端 SCTP 端口号	本端 IP 地址/子网掩码	对端 IP 地址/子网掩码	RNC FE 端口 IP 地址/子网掩码	NodeB FE 端口 IP 地址/子网掩码	NodeB 操作维护 IP 地址/子网掩码
FE	11.57.95.56/24	11.57.95.79/24	11.57.95.56/24	11.57.95.79/24	38098/39876，46537	11.57.95.56/24	11.57.95.79/24	11.57.95.56/24	11.57.95.79/24	11.37.9.60/24

四、实验步骤

（一）数据规划

对 Iub 接口的协商参数和硬件单板位置进行规划等。

1）RNC 与 NodeB 对接的单板类型为 FG2；槽位号为 14；端口号为 4。

2）SPU 单板的槽位号：0；SPU 子系统号为：3。

3）IP 地址类型：PRIMARY。

4）SCTP 链路号：0 和 1。

5）CCP 端口号：0。

6）资源管理模式：SHARE。

7）邻节点标识：2。

其他参数与 NodeB 共同协商。

（二）具体步骤

前提：RNC 的设备数据、全局数据都配置完成。

1）Iub 设置以太网端口属性。

2）Iub 添加以太网端口 IP 地址。

3）Iub 增加 SCTP 信令链路。

4）Iub 增加 NodeB。

5）Iub 增加 NodeB 算法参数。

6）Iub 增加 NodeB 的负载重整算法参数。

7）Iub 增加 NCP。

8）Iub 增加 CCP。

9）Iub 增加传输邻节点。

10）Iub 增加激活因子表。

11）Iub 增加邻节点映射。

12）Iub 增加端口控制器。

13）Iub 增加 IP PATH。

14）Iub 增加 NodeB 的 IP 地址。

1. 启动软件

请参照实验二，此处不再赘述。

2. 配置数据

1）Iub 设置以太网端口属性，如图 12-2 所示。

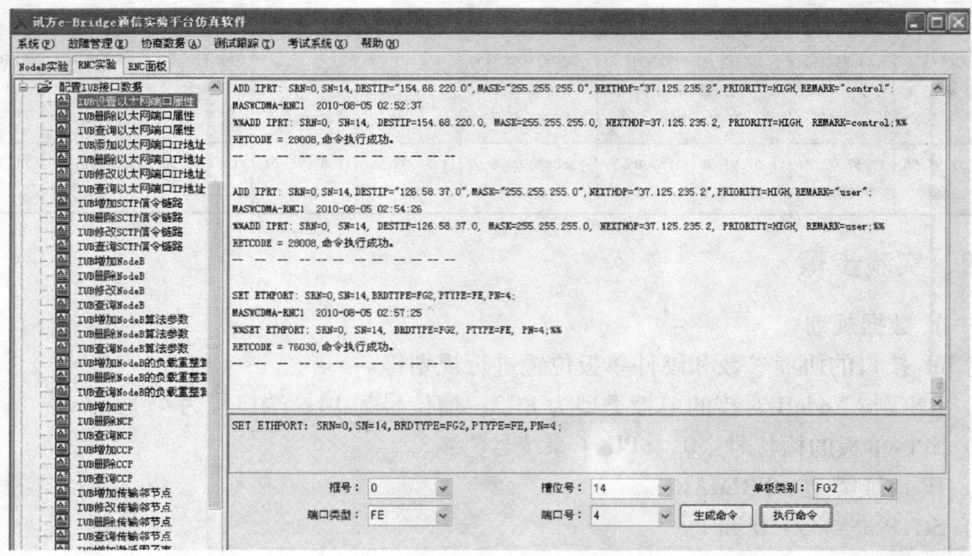

图 12-2 设置以太网端口属性

2）Iub 添加以太网端口 IP 地址，如图 12-3 所示。

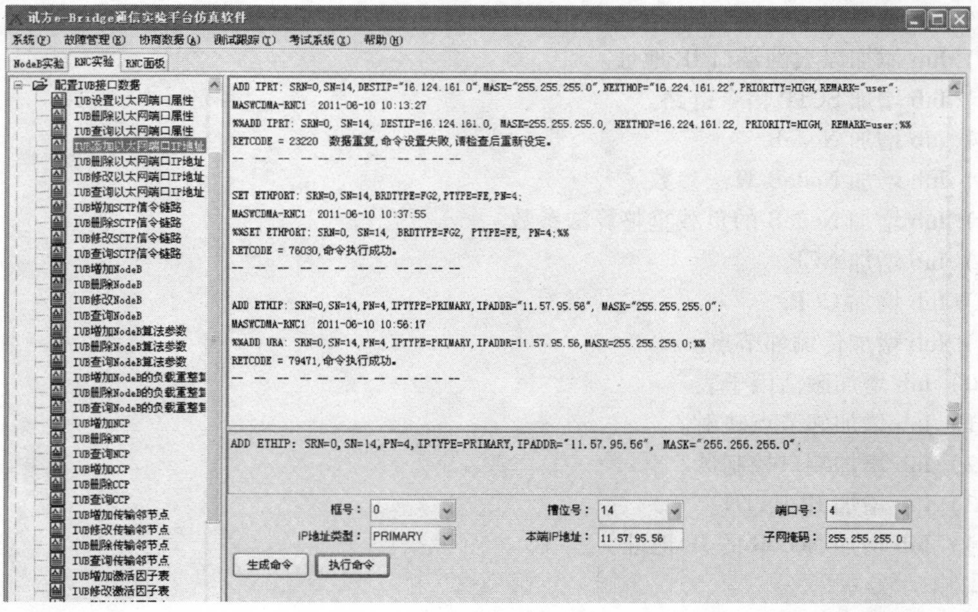

图 12-3 添加以太网端口 IP 地址

3）Iub 增加 SCTP 信令链路（2 项），如图 12-4 和图 12-5 所示。

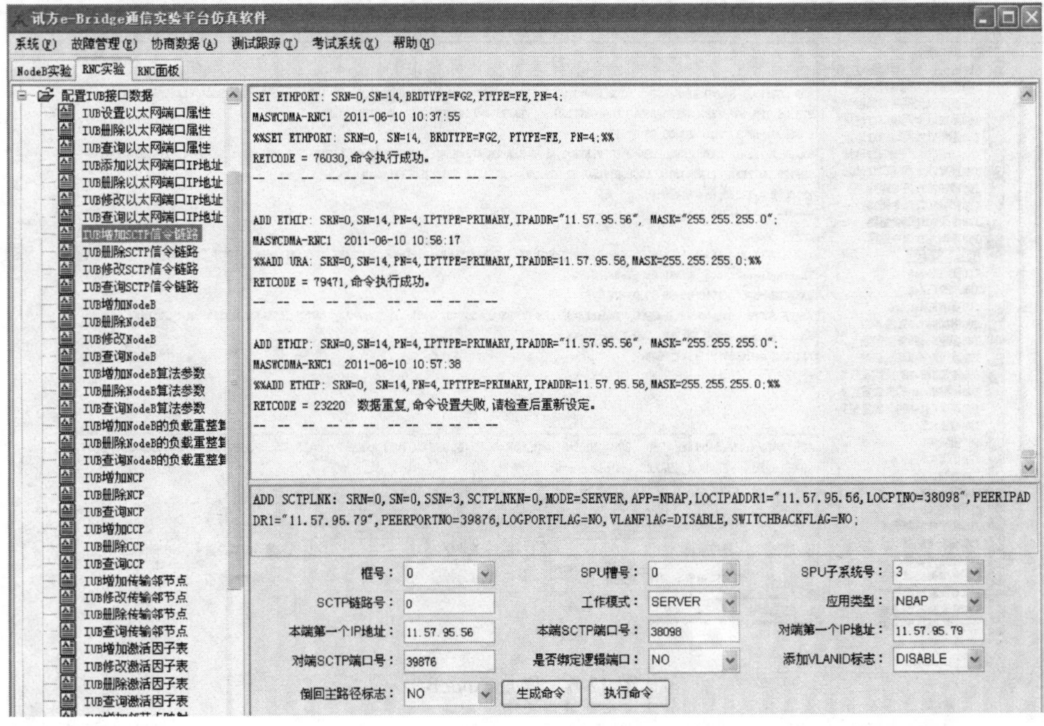

图 12-4　增加 SCTP 信令链路（1）

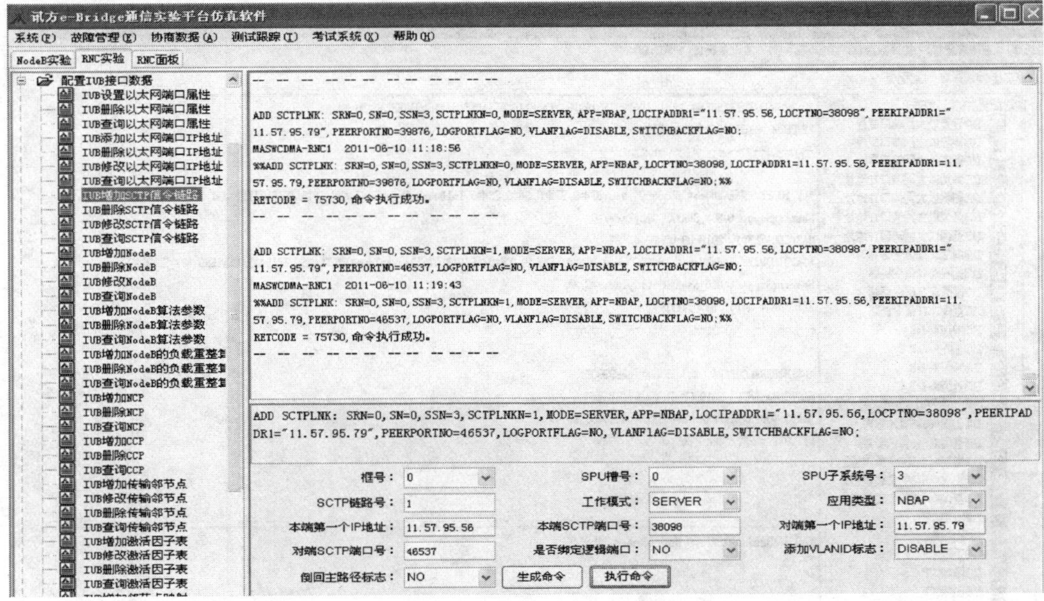

图 12-5　增加 SCTP 信令链路（2）

4）Iub 增加 NodeB，如图 12-6 所示。

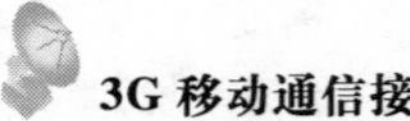

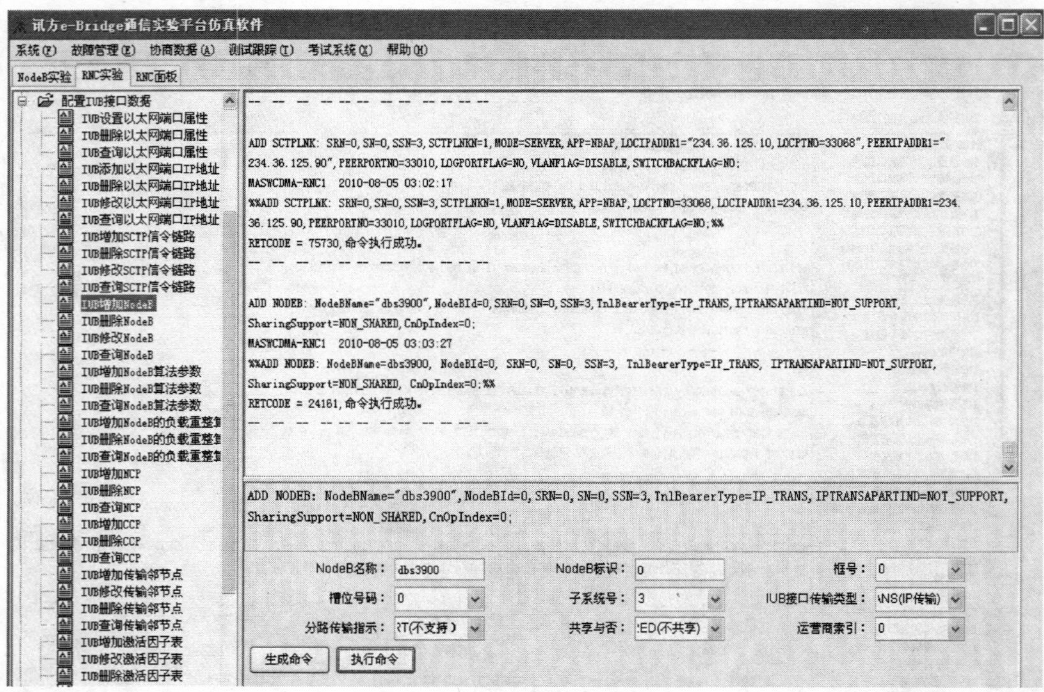

图 12-6 增加 NodeB

5）Iub 增加 NodeB 算法参数，如图 12-7 所示。

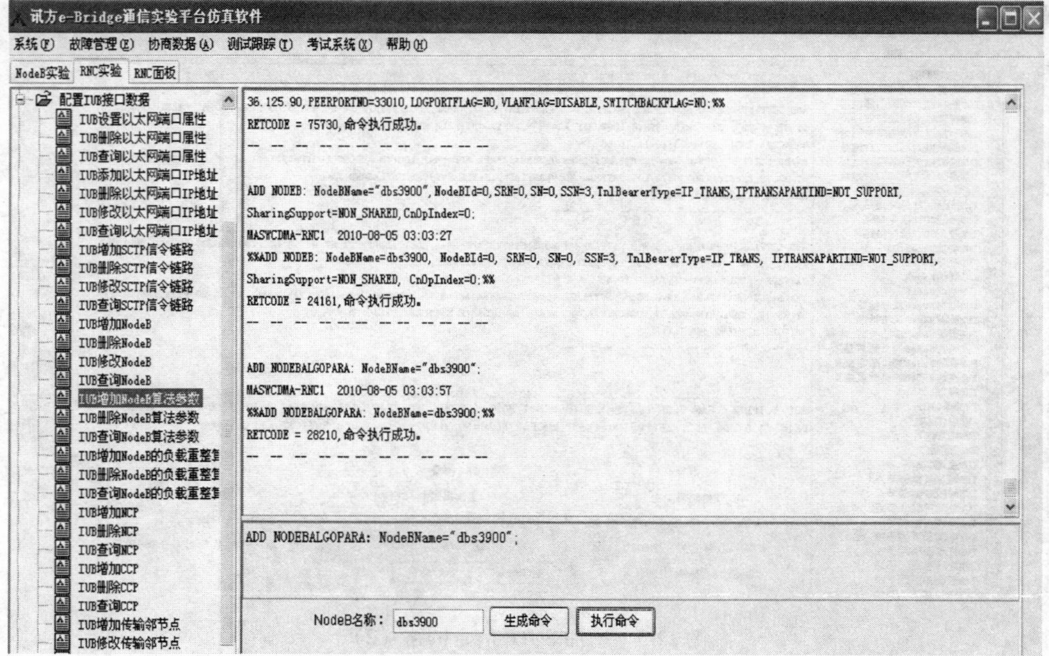

图 12-7 增加 NodeB 算法参数

6）Iub 增加 NodeB 的负载重整算法参数，如图 12-8 所示。

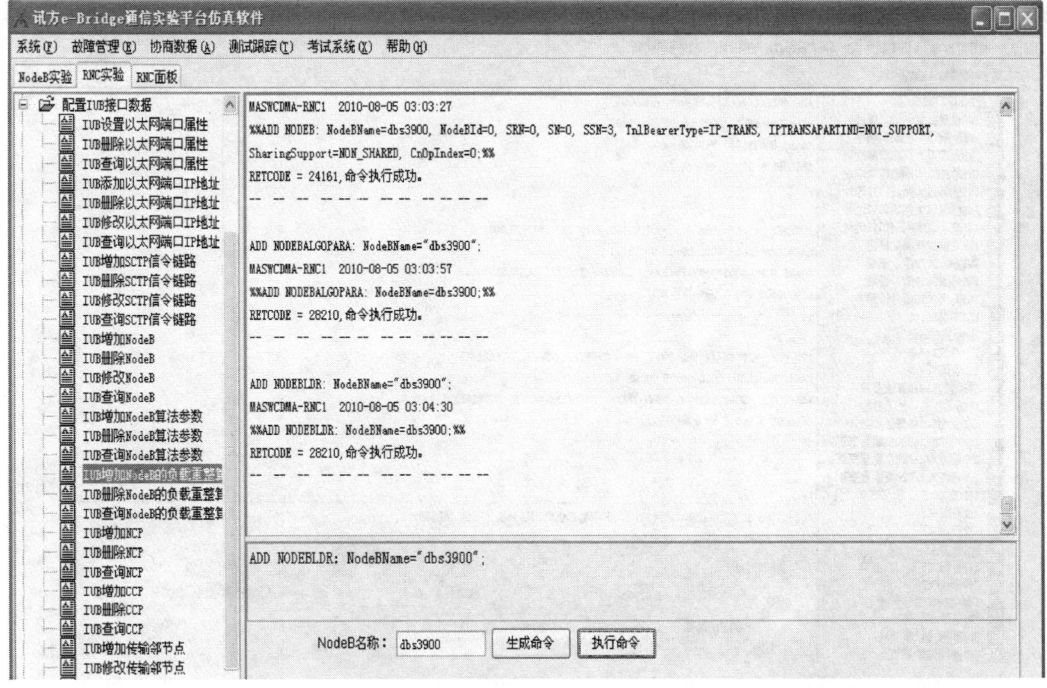

图 12-8　增加 NodeB 的负载重整算法参数

7）Iub 增加 NCP，如图 12-9 所示。

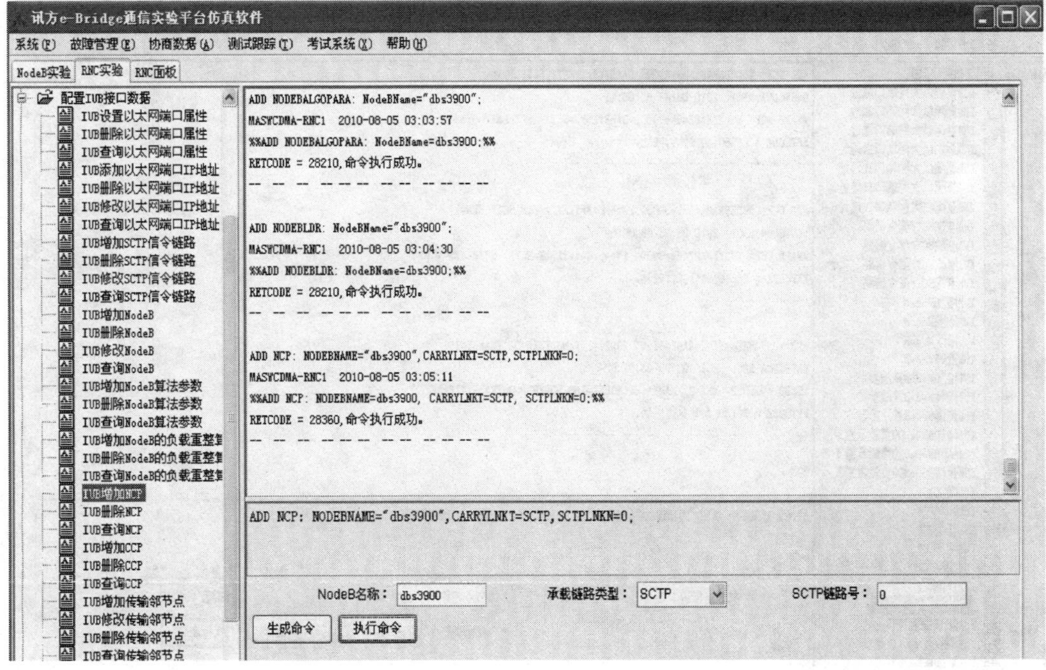

图 12-9　增加 NCP

8）Iub 增加 CCP，如图 12-10 所示。

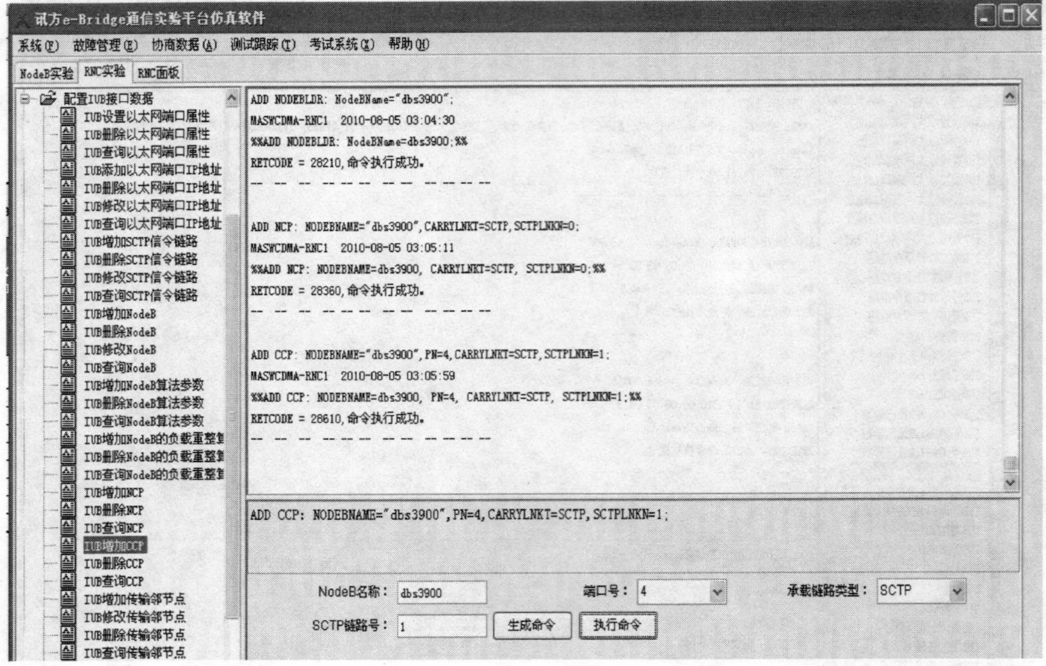

图 12-10 增加 CCP

9）Iub 增加传输邻节点，如图 12-11 所示。

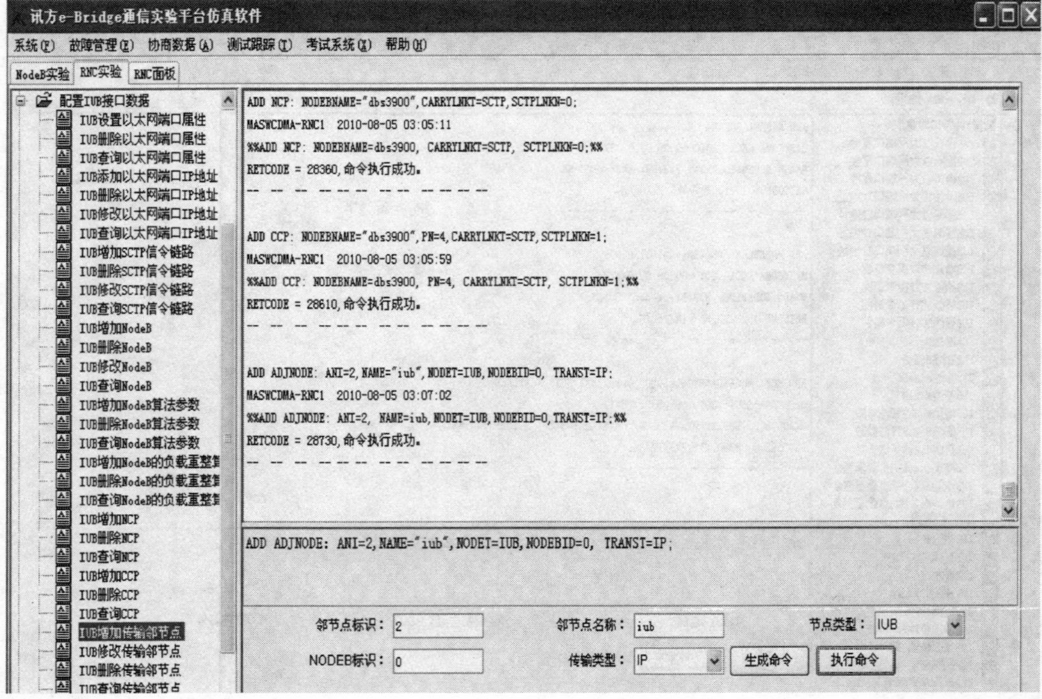

图 12-11 增加传输邻节点

10）Iub 增加激活因子表，如图 12-12 所示。

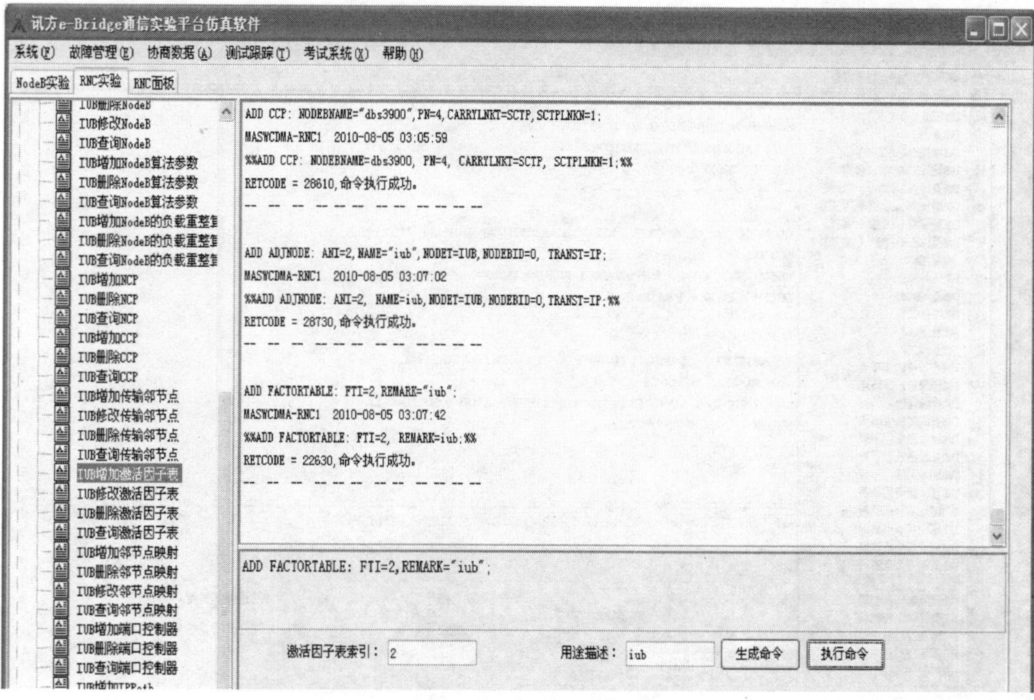

图 12-12　增加激活因子表

11）Iub 增加邻节点映射，如图 12-13 所示。

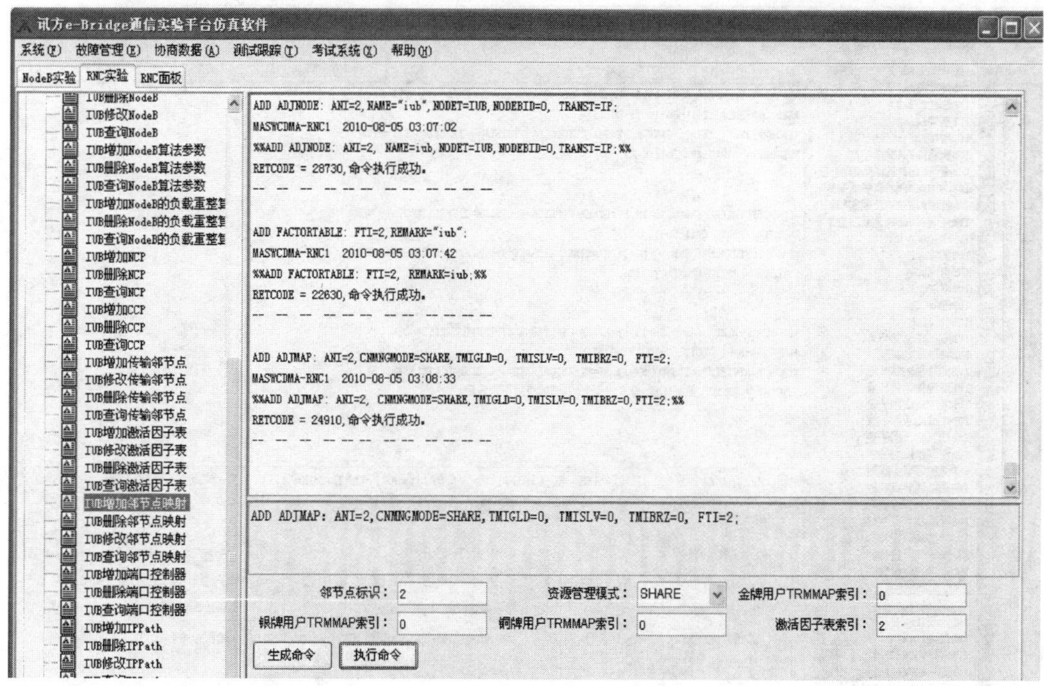

图 12-13　增加邻节点映射

12）Iub 增加端口控制器，如图 12-14 所示。

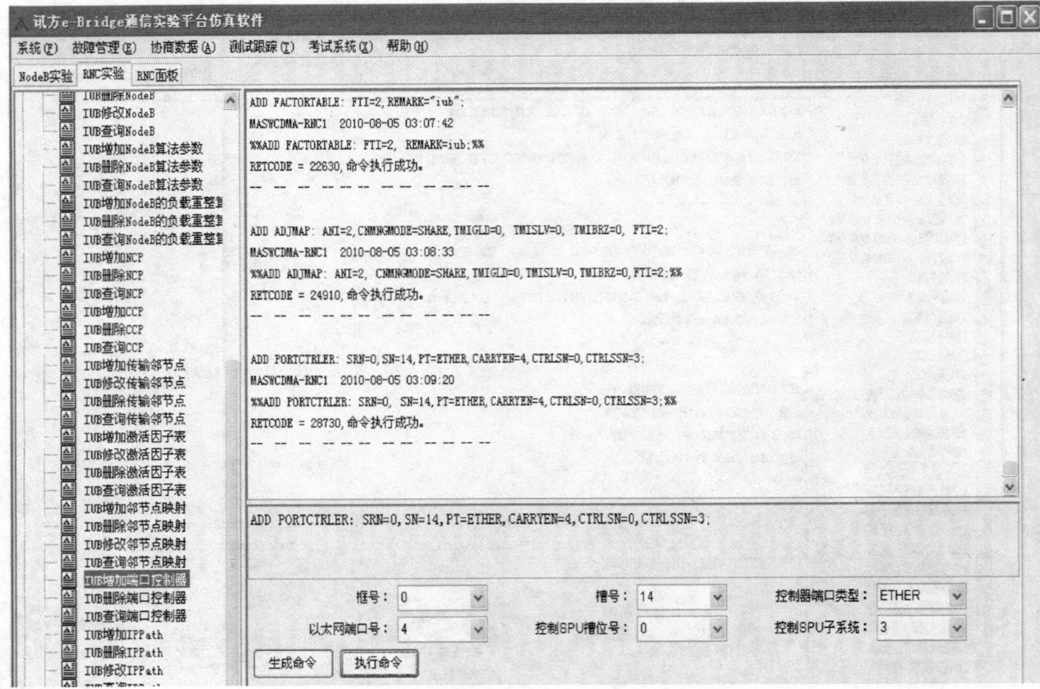

图 12-14　增加端口控制器

13）Iub 增加 IP PATH（2 项），如图 12-15 和图 12-16 所示。

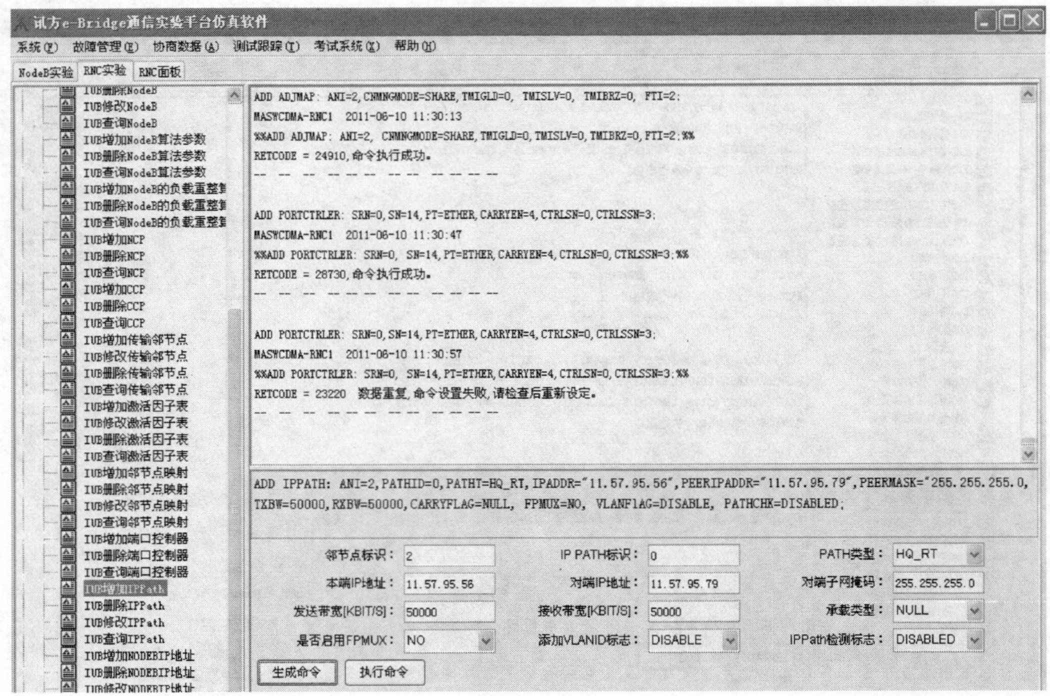

图 12-15　增加 IP PATH（1）

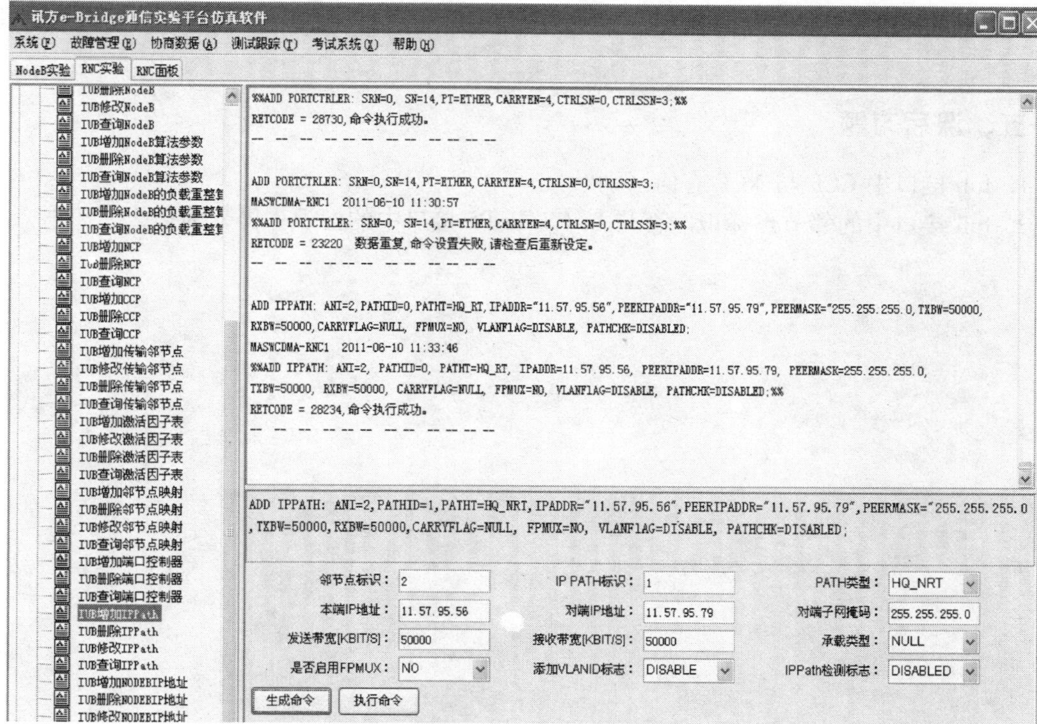

图 12-16　增加 IP PATH（2）

14）Iub 增加 NodeB IP 地址，如图 12-17 所示。

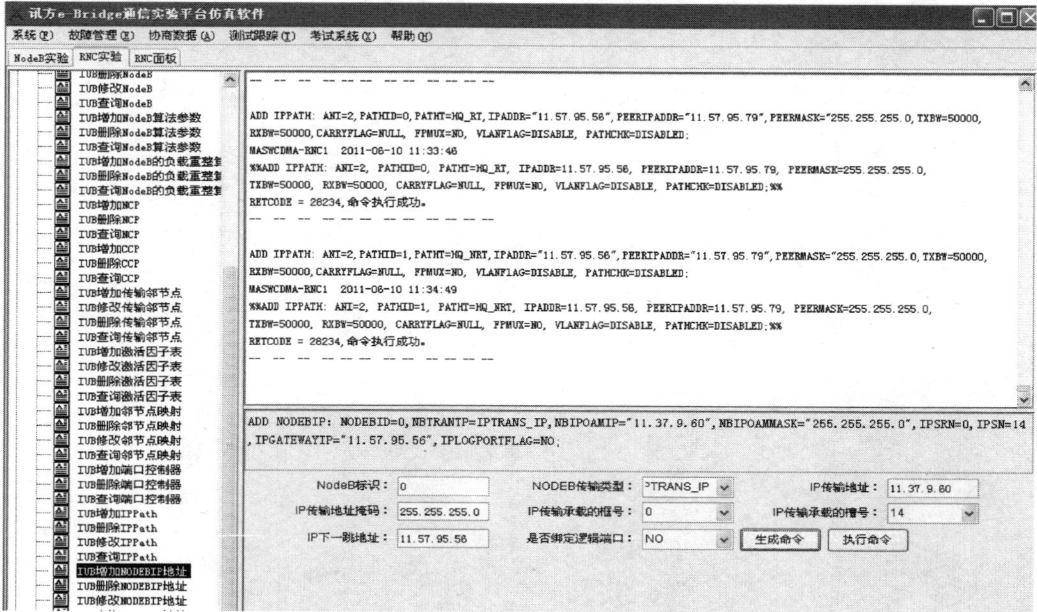

图 12-17　增加 NodeB IP 地址

至此，Iub 接口数据已配置完成，可进行格式化、加载、查看 Iub 的数据是否与规划一致。

五、课后习题

1. Iub 接口中 CCP 与 NCP 有何区别?
2. Iub 接口中的邻节点标识能否与 Iu-CS/Iu-PS 接口中的标识一样，为什么?

实验十三　RNC Iub 接口数据配置（真实环境）

一、实验目的

通过本实验，学生可以了解真实环境下 RNC Iub 接口的数据配置步骤。

二、实验器材

WCDMA-RNC 设备：BSC6810。

WCDMA-NodeB 设备：DBS3900。

实验终端电脑若干台（已安装华为 RNC LMT 应用软件）。

三、实验内容说明

1）Iub 接口 IP 传输协议栈，如图 13-1 所示。

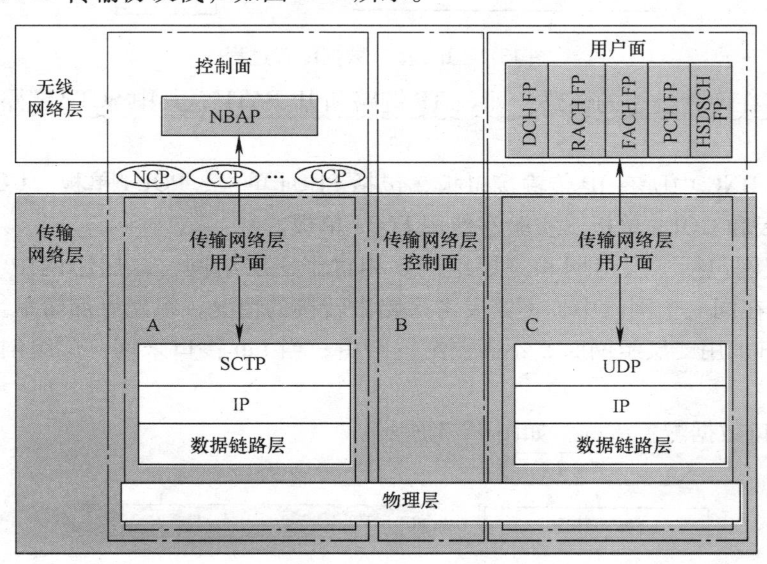

图 13-1　传输协议栈

无线网络层的控制面 NBAP 用于传输信令。无线网络层的用户面（各种 FP）用于传输用户业务数据。两者分别通过 Iub 接口的 NCP/CCP（信令）与 IPPATH（业务）传输和承载。

NBAP 是 NodeB 控制平面的应用部分，其功能由 NBAP 过程来实现，在 RNC 中其协议实体是 SPU 板，NBAP 分为专用过程和公共过程。NCP（NodeB Control Port）：NodeB 控制端口，负责公用过程的信令交互。CCP（Communication Control Port）：连接控制端口，负责专用过程的信令交互。公共过程包括：资源事件管理、配置调整、小区管理、公用传输信道管理、物理共享信道管理、公用资源测量、系统信息更新和无线链路建立。专用过程包括无线链路管理、无线链路监视、下行链路功率控制、专用资源测量、压缩模式管理、错误管理等。基本是一个基站配置一条 NCP，一个小区配置一条 CCP（由话务模型决定）。每个 Iub 类型的邻节点下 PATH 总数最多 36 条。

Iub FP 是 Iub 接口用户面公共传输信道和专用传输信道数据流的协议，协议实体是 FMR。公共传输信道包括 RACH 随机接入信道、CPCH 公共分组信道、FACH 前向接入信道、PCH 寻呼信道、DSCH 下行共享信道以及一些同步控制信道。专用传输信道 DCH，包括数据帧和控制帧，外环功率控制在专用传输信道的控制帧上实现。

物理层主要是提供 IP 的传输通道，将 IP 层传来的数据加上其传输开销后形成连续的比特流，同时在接收端收到物理媒介上传来的连续比特流后，取出有效的数据传给 IP 层。

2）Iub 接口数据配置过程，如图 13-2 所示。

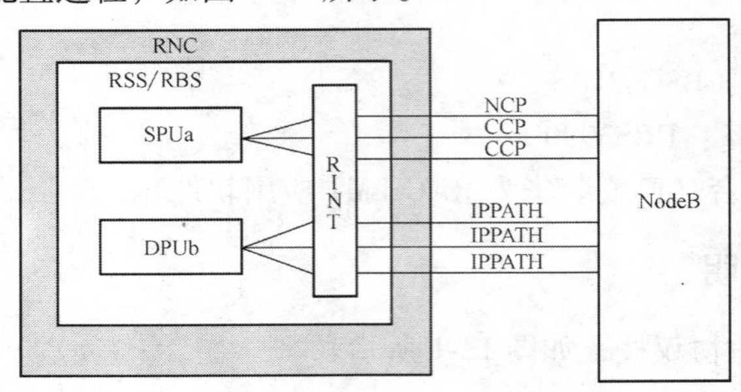

图 13-2　Iub 接口数据配置过程

Iub 接口存在两种类型的链路，即 SCTP 链路和 IP PATH，其中 SCTP 链路用于承载 NCP 和 CCP。

RINT 代表 RNC 中所有 IP 传输接口板，包括 PEUa 单板、POUa 单板、UOIa 单板（UOI_IP）、FG2a 单板和 GOUa 单板。实验室使用 FG2a 单板。

Iub 接口组网包括二层组网和三层组网。相对于三层组网，二层组网中 RNC 和 NodeB 的接口 IP 地址在同一个网段中，不需要考虑路由转接的情况，组网更加简单。

当 Iub 接口采用二层组网时，不需要配置路由；当 Iub 接口采用三层组网时，需要配置路由。

3）Iub 接口数据配置流程，如图 13-3 所示。

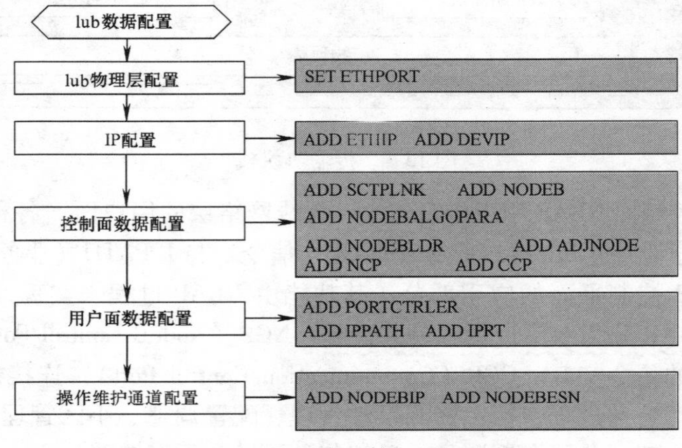

图 13-3　Iub 接口数据配置流程

4）Iub 协商数据见表 13-1。

表 13-1　Iub 协商数据

用户面数据

用户面	IP PATH 编号	Path 类型	前向带宽	反向带宽	本地 IP 地址和掩码	下一跳 IP 地址掩码	邻节点标识
IPPATH	0	QOS	10000	10000	20. 20. 20. 101/24	20. 20. 20. 102/24	100

控制面数据

参 数 类 别	IP 地址和掩码
RNC 侧 IP 地址	20. 20. 20. 103/24
基站维护 IP 地址	10. 10. 2. 20/24

四、实验步骤

1）Iub 设置以太网端口属性，如图 13-4 所示。

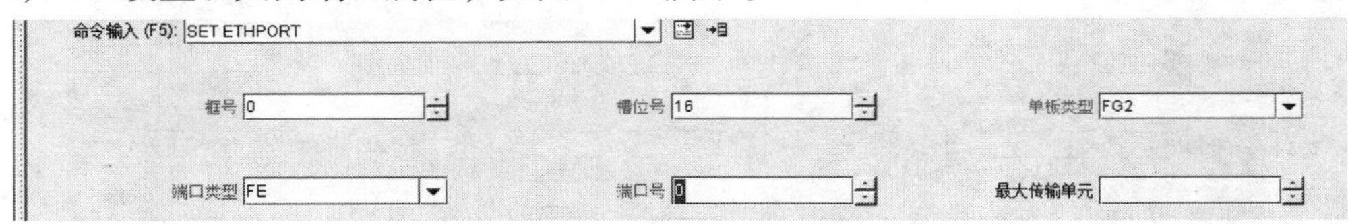

图 13-4　设置以太网端口属性

2）Iub 添加以太网端口 IP 地址，如图 13-5 所示。

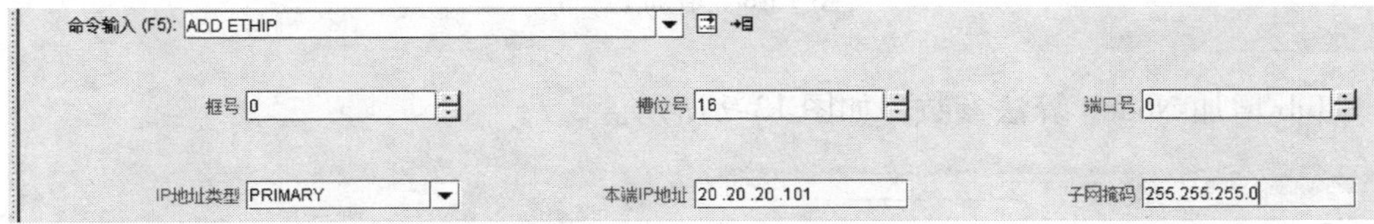

图 13-5　添加以太网端口 IP 地址

3）Iub 增加 SCTP 信令链路（2 项），如图 13-6 和图 13-7 所示。

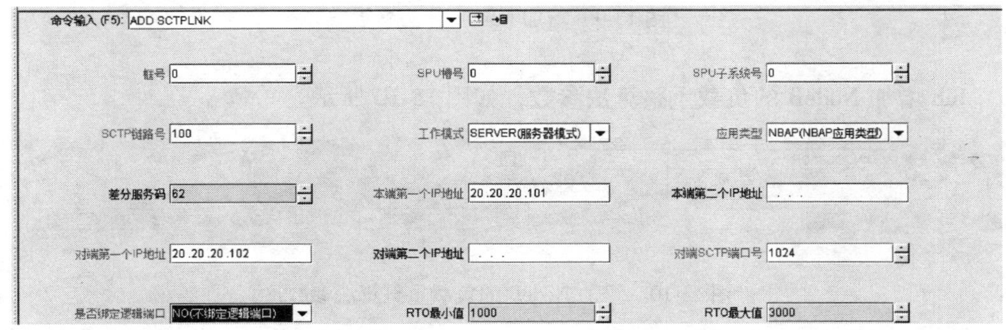

图 13-6　增加 SCTP 信令链路（1）

命令输入 (F5): ADD SCTPLNK

框号	0	SPU槽号	0	SPU子系统号	0
SCTP链路号	101	工作模式	SERVER(服务器模式)	应用类型	NBAP(NBAP应用类型)
差分服务码	62	本端第一个IP地址	20.20.20.101	本端第二个IP地址	...
对端第一个IP地址	20.20.20.102	对端第二个IP地址	...	对端SCTP端口号	1025
是否绑定逻辑端口	NO(不绑定逻辑端口)	RTO最小值	1000	RTO最大值	3000

图 13-7　增加 SCTP 信令链路（2）

注：此处的两条 SCTPLNK，一条承载 NCP，一条承载 CCP。

4）Iub 增加 NodeB，如图 13-8 所示。

图 13-8　增加 NodeB

5）Iub 增加 NodeB 算法参数，如图 13-9 所示。

图 13-9　增加 NodeB 算法参数

6）Iub 增加 NodeB 的负载重整算法参数，如图 13-10 所示。

图 13-10　增加 NodeB 的负载重整算法参数

7）Iub 增加 NCP，如图 13-11 所示。

图 13-11　增加 NCP

注：增加 RNC 与 NodeB 之间的 NodeB 控制端口（NodeB Control Port，NCP）链路，该链路用于传输 Iub 接口的 NBAP 公共过程消息。一个 RNC 和一个 NodeB 之间只能配置一条 NCP 链路。

8）Iub 增加 CCP，如图 13-12 所示。

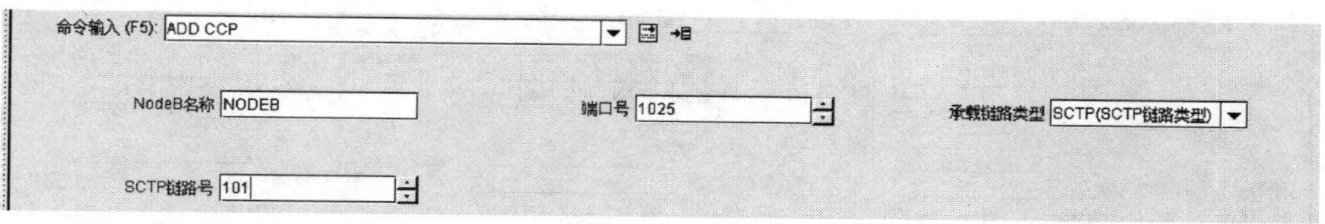

图 13-12　增加 CCP

注：CCP 链路是 RNC 和 NodeB 之间的通信控制端口（Communication Control Port，CCP）链路，用于传输 Iub 接口的 NBAP 专用过程消息。一个 RNC 和一个 NodeB 之间可以配置若干条 CCP 链路。

9）Iub 增加传输邻节点，如图 13-13 所示。

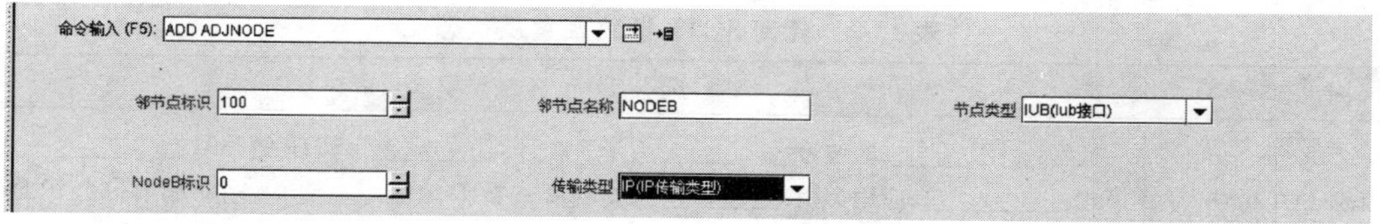

图 13-13　增加传输邻节点

10）Iub 增加端口控制器，如图 13-14 所示。

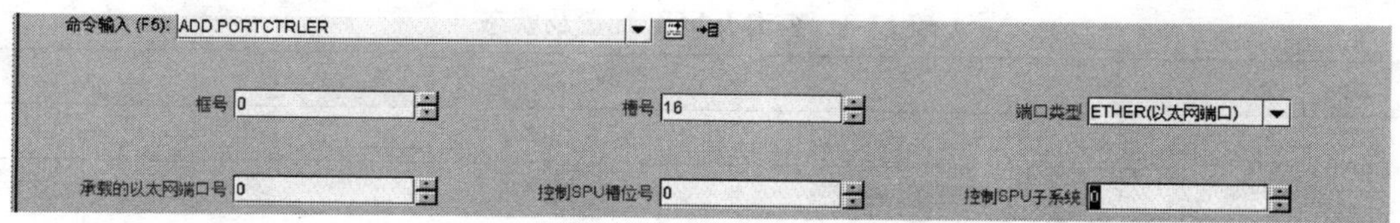

图 13-14　增加端口控制器

11）Iub 增加 IP PATH，如图 13-15 所示。

命令输入 (F5): ADD IPPATH

邻节点标识 100　IP PATH标识 0　PATH类型 Q_RT(高QoS分路实时)

本端IP地址 20.20.20.101　对端IP地址 20.20.20.102　对端子网掩码 255.255.255.255

发送带宽[KBIT/S] 10000　接收带宽[KBIT/S] 10000　承载类型 NULL(无)

图 13-15　增加 IP PATH

12）Iub 增加 NodeB IP 地址，如图 13-16 所示。

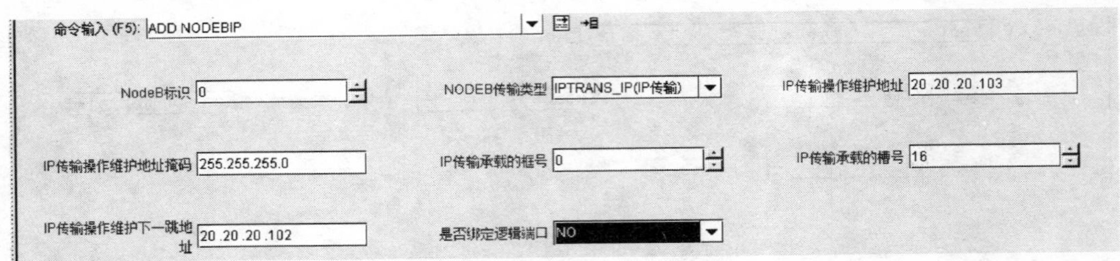

图 13-16　增加 NodeB IP 地址

至此，Iub 接口数据已配置完成，可进行格式化、加载、查看 Iub 的数据是否与规划一致。

五、实验验证

查询 SCTP 链路配置及状态见表 13-2。

表 13-2　查询 SCTP 链路配置及状态

命　令	结果(选取其中一条结果填入表格)
LST SCTPLNK	框号:________;槽位号:________;子系统号:________;SCTP 链路号:________;工作模式:________;应用类型:________;本端第一个 IP 地址:________;对端第一个 IP 地址:________;是否绑定逻辑端口:________
DSP SCTPLNK	链路号:________;操作状态:________

查询 IubCP 配置及状态见表 13-3。

表 13-3　查询 IubCP 配置及状态

命　令		结果(选取其中一条结果填入表格)
LST IubCP	NCP	承载链路类型:________;SAAL 链路号:________
	CCP	承载链路类型:________;SAAL 链路号:________
DSP IubCP	NCP	操作状态:________
	CCP	Iub 端口号:________;操作状态:________

查询邻节点配置及状态见表 13-4。

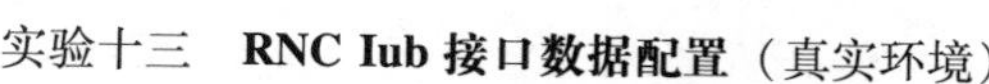

表 13-4　查询邻节点配置及状态

命　　令	结果(选取其中一条结果填入表格)
LST ADJNODE	邻节点标识:________; 邻节点名称:________; 节点类型:________; 传输类型:________;是否根节点:________
DSP ADJNODE	邻节点标识:________

查询 IP PATH 配置及状态见表 13-5。

表 13-5　查询 IP PATH 配置及状态

命　　令	结果(选取其中一条结果填入表格)
LST IP PATH	邻节点标识:________;IP PATH 标识:________;PATH 类型:________;本端 IP 地址:________;对端 IP 地址:________;对端子网掩码:________;接收带宽:________;发送带宽:________
DSP IP PATH	PATH 标识:________;操作状态:________
LST IPRT	框号:________;槽位号:________;目的 IP 址:________;子网掩码________;下一跳:________

查询远程维护通道配置及状态见表 13-6。

表 13-6　查询远程维护通道配置及状态

命　　令	结果(选取其中一条结果填入表格)
LST DEVIP or(LST ETHIP)	框号:________;槽位号:________;IP 地址及掩码:________
LST NodeBIP	NodeB 标识:________;NodeB 传输类型:________;操作维护 IP 地址及掩码:________;下一跳地址:________
LST BAMIPRT	目标地址及掩码:________;前向路由地址:________

六、课后习题

1. 画出 Iub 接口 IP 传输协议栈。
2. Iub 接口协商数据有什么作用?
3. 练习使用协商数据进行 Iub 接口配置。

实验十四　RNC 小区数据配置（仿真环境）

一、实验目的

通过本实验，学生可以了解 RNC 小区数据配置及作用。

二、实验器材

实验终端电脑若干台（已安装讯方通信 WCDMA-RAN 仿真软件并获取许可文件）。

三、实验内容说明

对照实物，通过现场讲解，让学生了解在 RNC 主设备上配置小区数据。了解配置小区数据参数的相关性，首先必须进行数据准备。WCDMA 网络组网如图 14-1 所示。

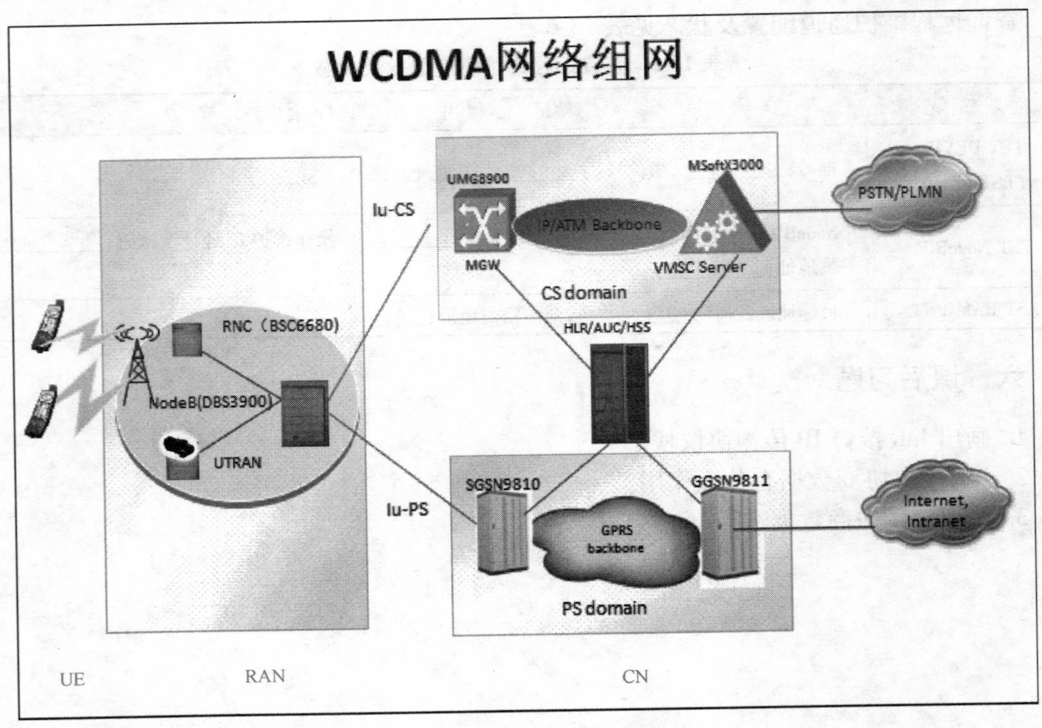

图 14-1　WCDMA 网络组网

小区协商数据如表 14-1 所示。

表 14-1　小区协商数据

位置区码	服务区码	路由区码	URA 标识
5122	1321	21	0
时间偏移参数	最大发射功率/dBm	上行频点	下行频点
CHIPO	430	9637/9662/9687	10587/10612/10637

四、实验步骤

（一）数据规划

对小区配置的协商参数进行规划等。

1）上行频点：9637/9662/9687。

2）下行频点：10587/10612/10637。

其他参数与 NodeB 共同协商。

（二）具体步骤

前提：RNC 的设备数据、全局数据、Iu-CS 接口数据、Iu-PS 接口数据、Ibu 接口数据都配置完成。

1）增加本地小区。

2）新增一个业务优先级映射。

3）快速建立小区。

4）激活小区。

1. 启动软件

请参照实验二，此处不再赘述。

2. 配置数据

1）增加本地小区，如图 14-2 所示。

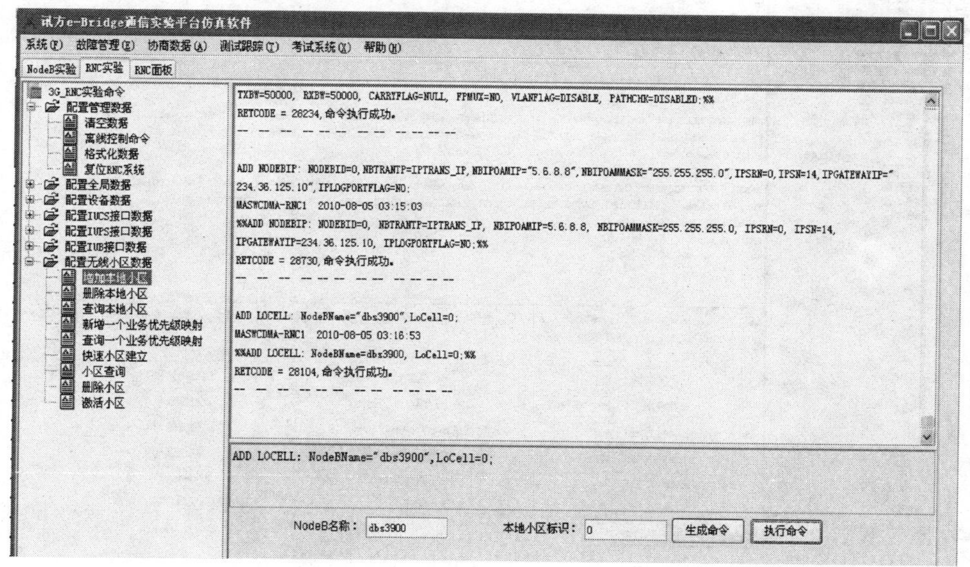

图 14-2　增加本地小区

2）新增一个业务优先级映射，如图 14-3 所示。

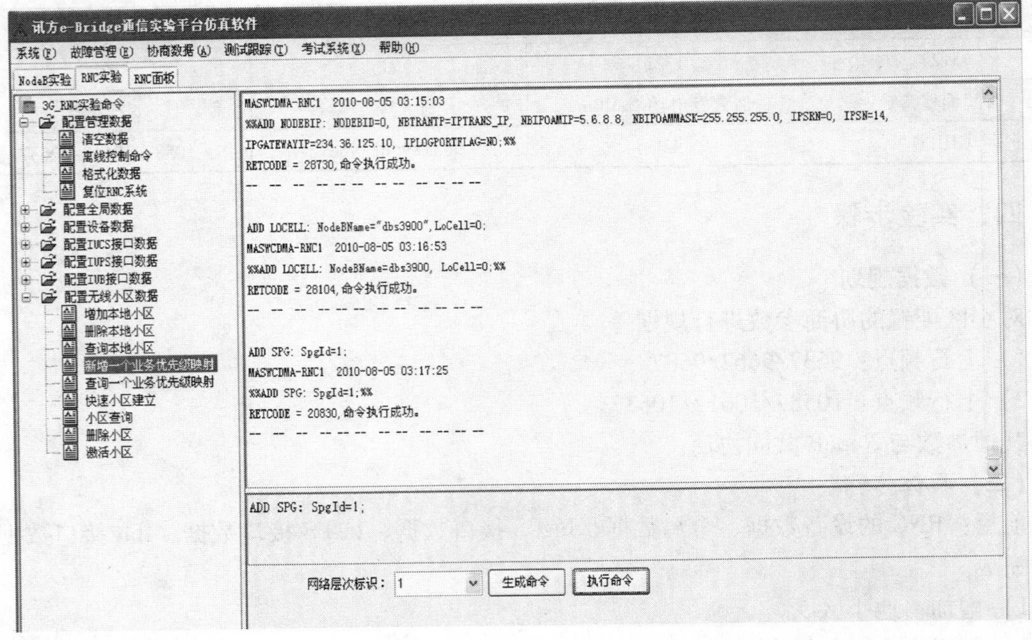

图 14-3 新增一个业务优先级映射

3）快速建立小区（创建 9 个小区），如图 14-4 ~ 图 14-12 所示。建立小区 0 如图 14-4 所示。

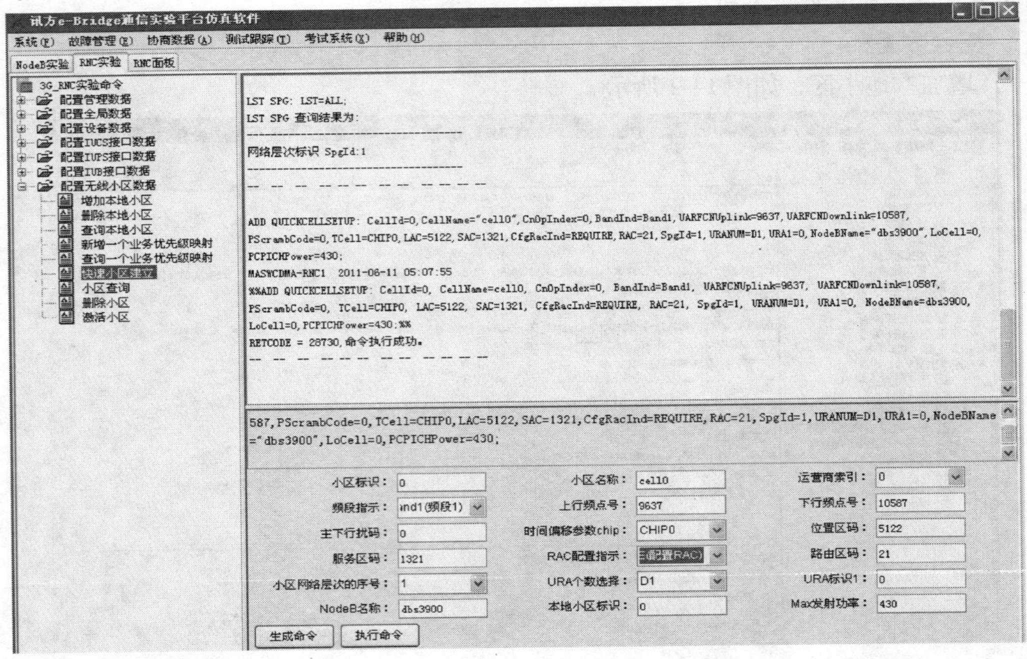

图 14-4 建立小区 0

建立小区 1 如图 14-5 所示。

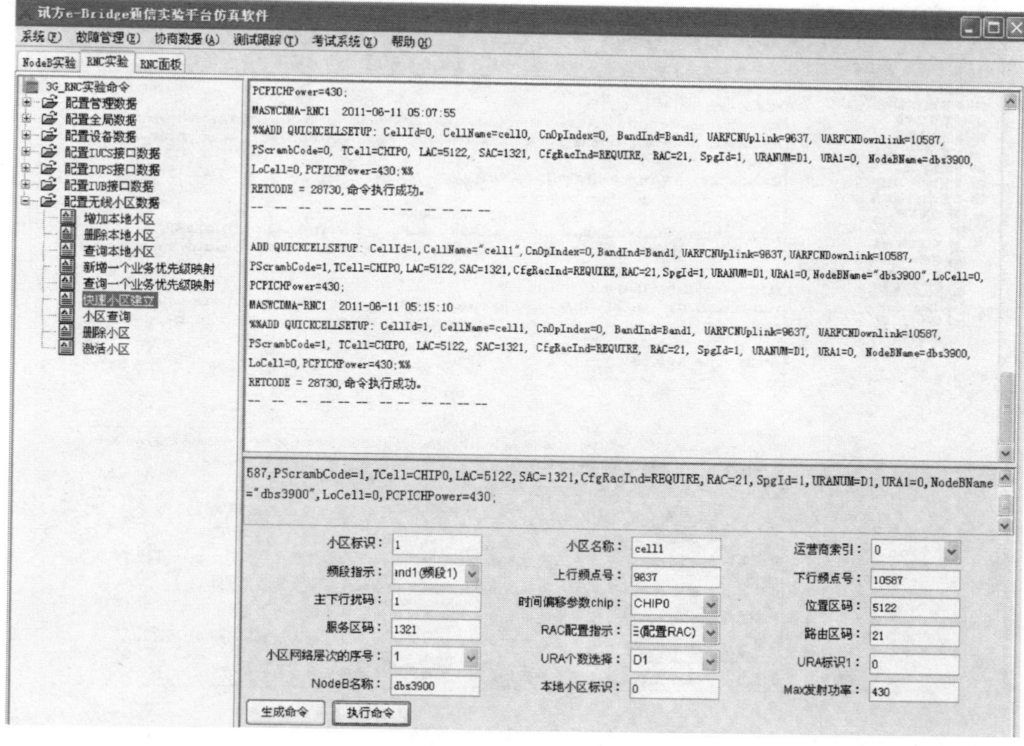

图 14-5　建立小区 1

建立小区 2 如图 14-6 所示。

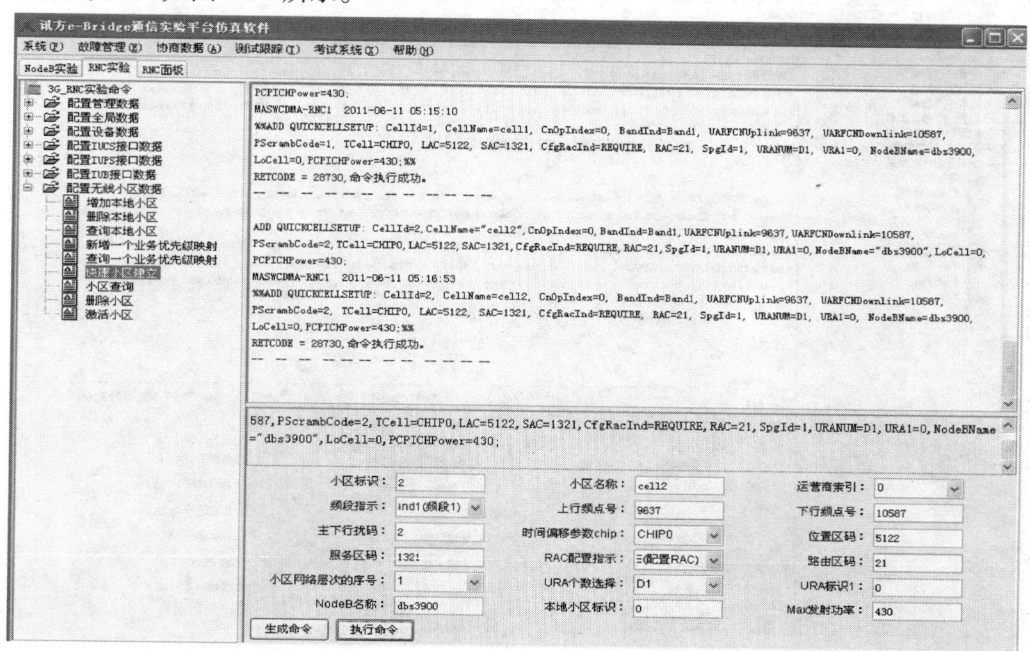

图 14-6　建立小区 2

建立小区 3 如图 14-7 所示。

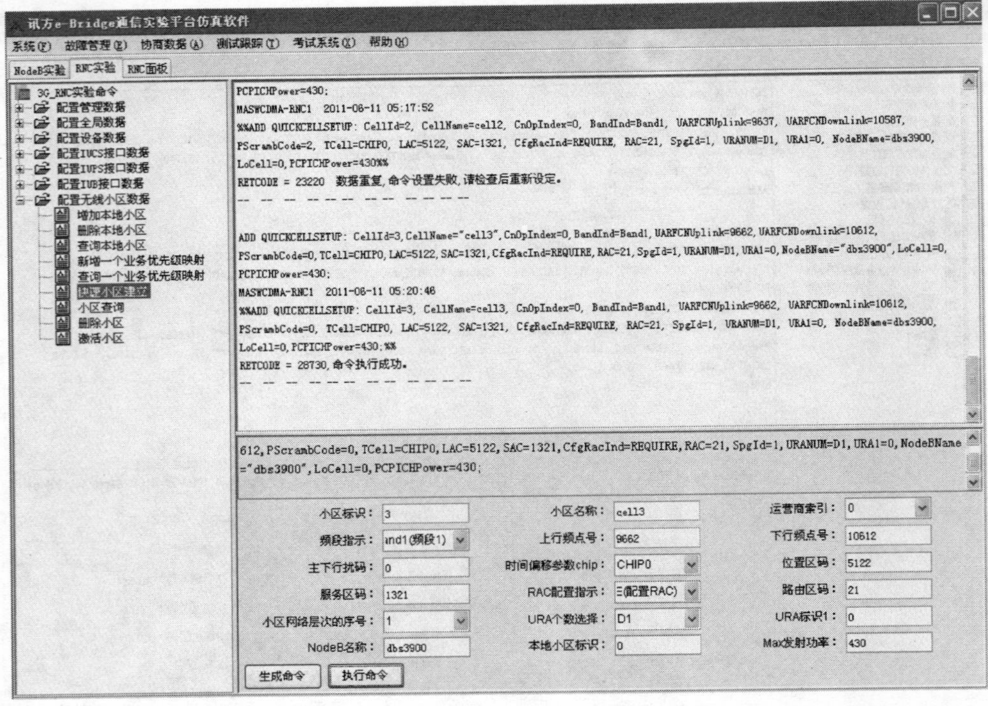

图 14-7　建立小区 3

建立小区 4 如图 14-8 所示。

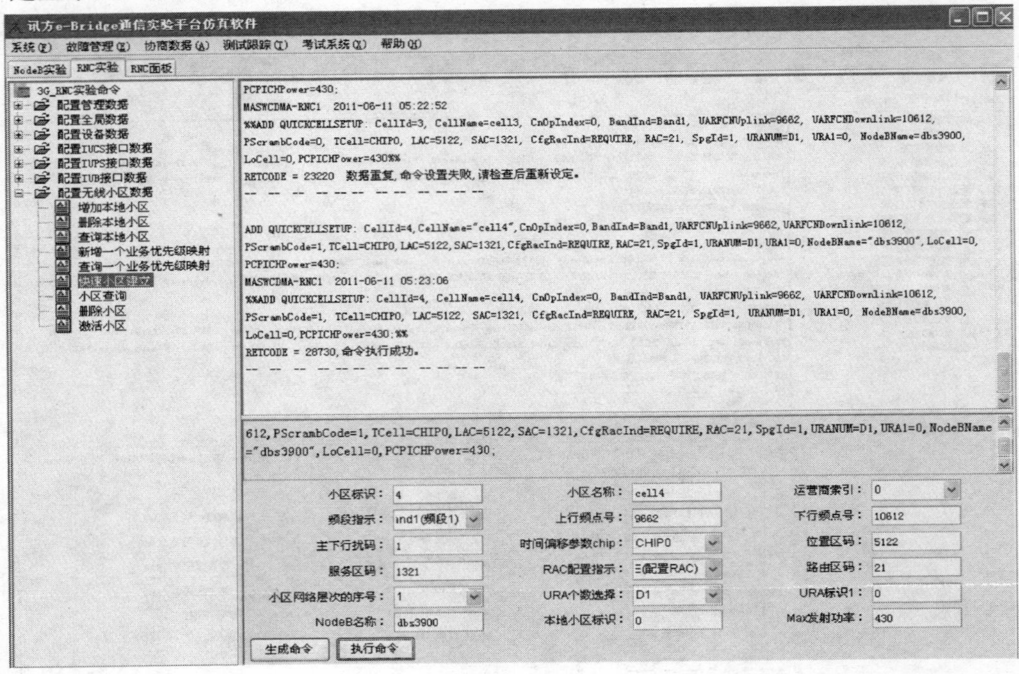

图 14-8　建立小区 4

建立小区 5 如图 14-9 所示。

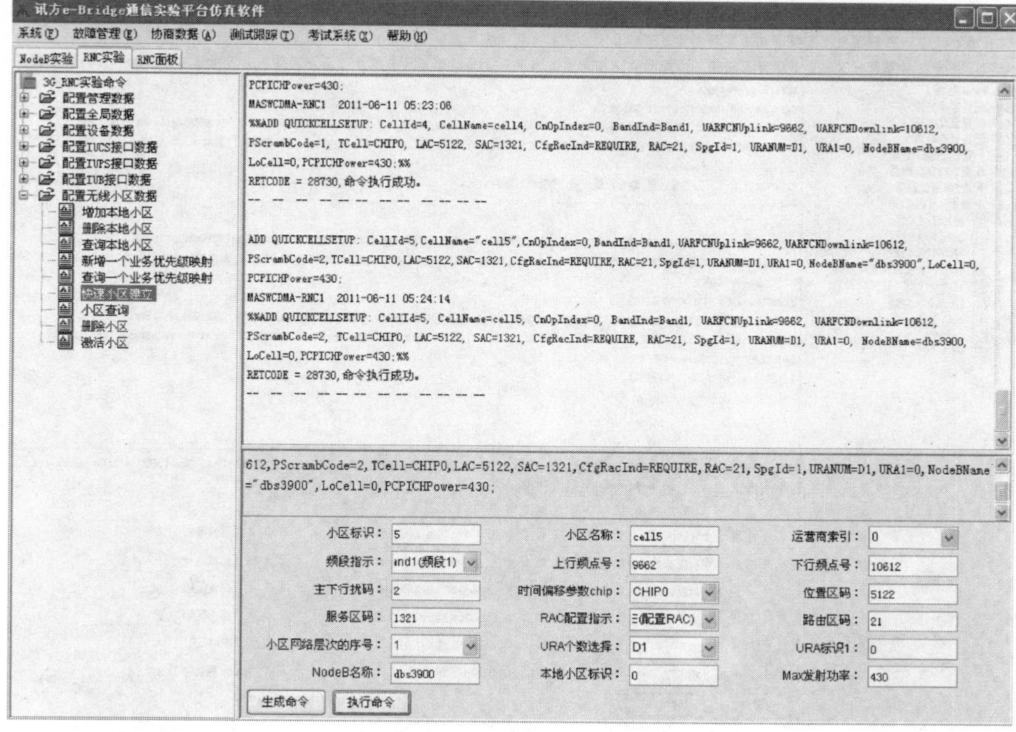

图 14-9 建立小区 5

建立小区 6 如图 14-10 所示。

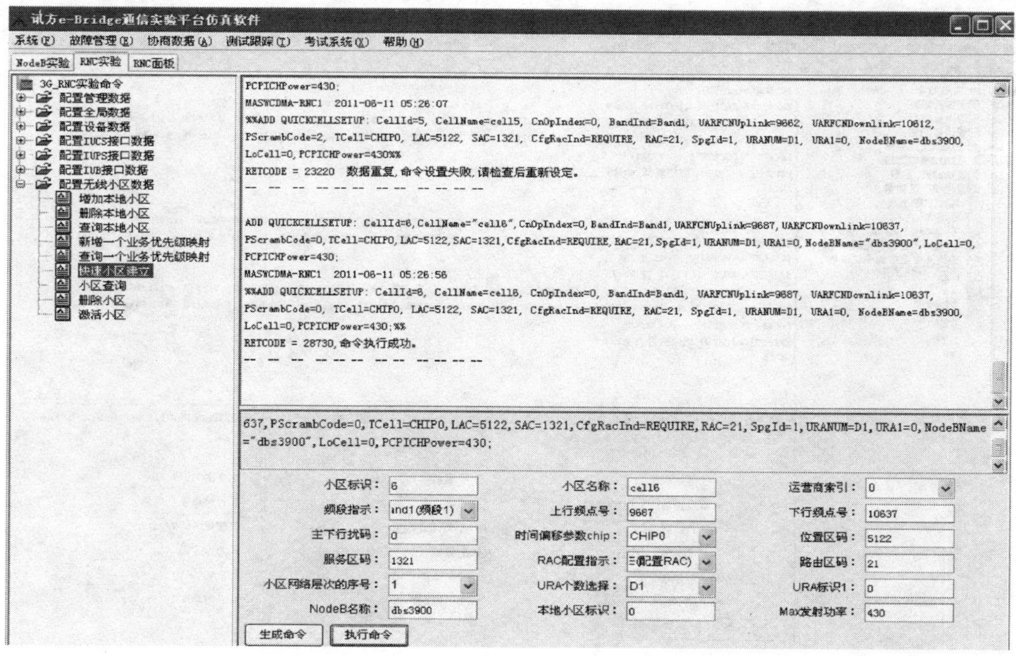

图 14-10 建立小区 6

建立小区 7 如图 14-11 所示。

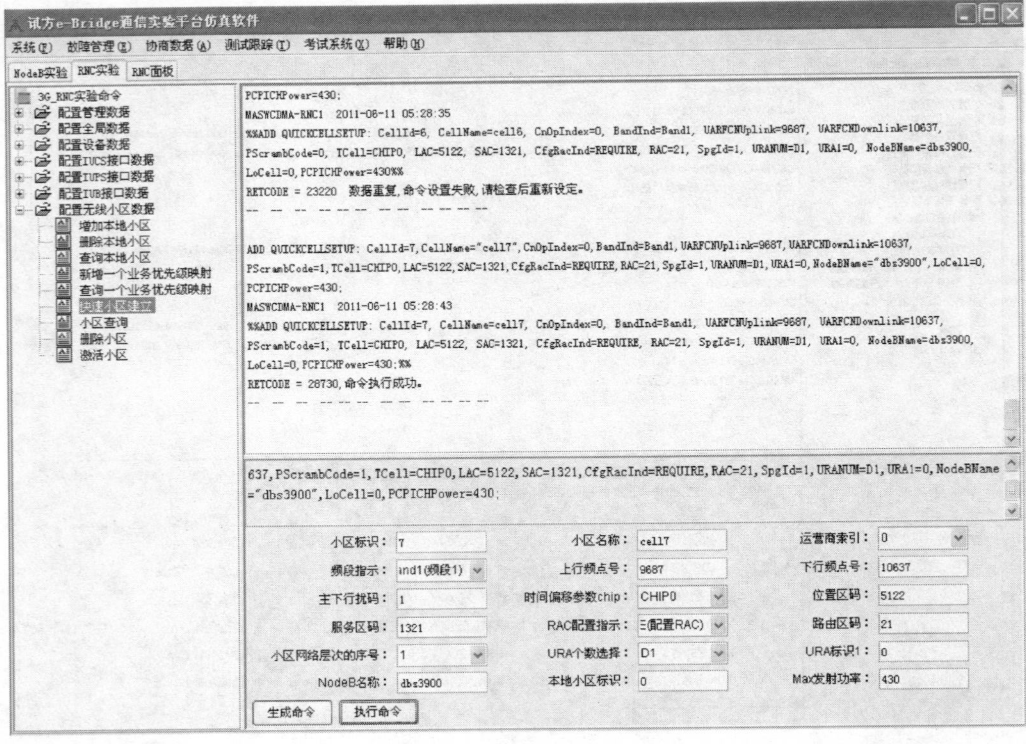

图 14-11 建立小区 7

建立小区 8 如图 14-12 所示。

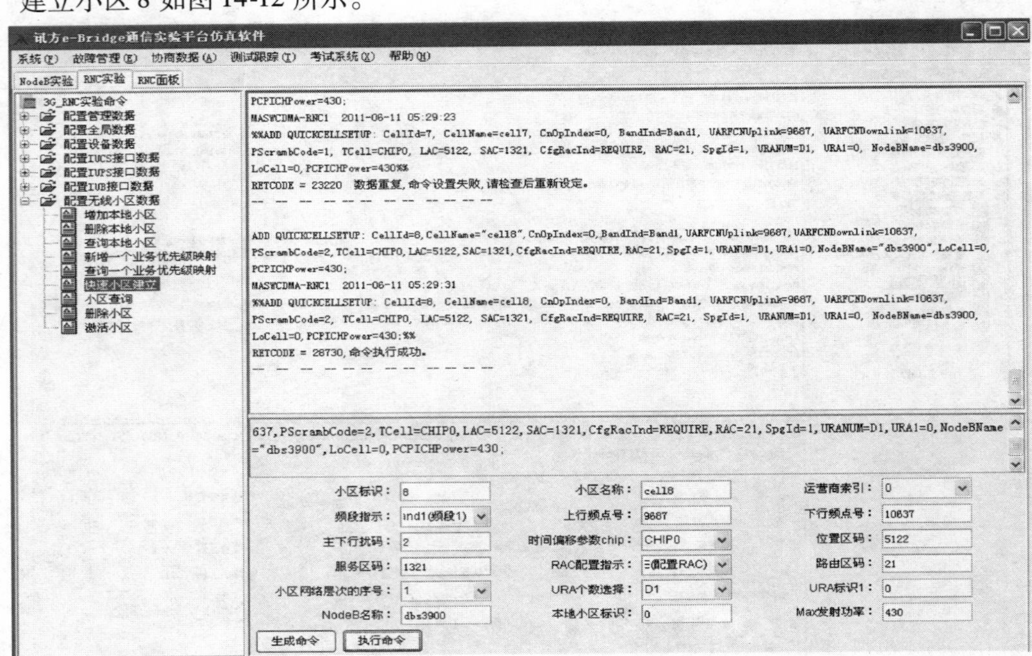

图 14-12 建立小区 8

4）激活小区（将 9 个小区激活），如图 14-13 ~ 图 14-21 所示。激活小区 0 如图 14-13 所示。

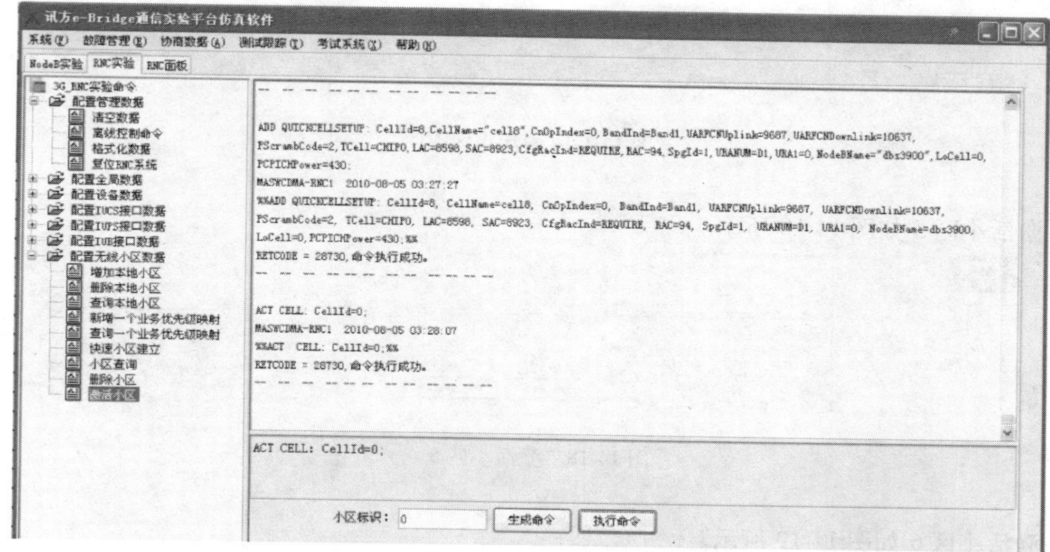

图 14-13　激活小区 0

激活小区 1 如图 14-14 所示。

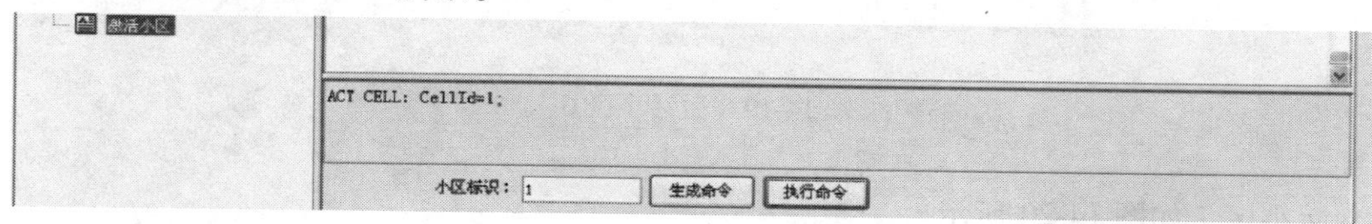

图 14-14　激活小区 1

激活小区 2 如图 14-15 所示。

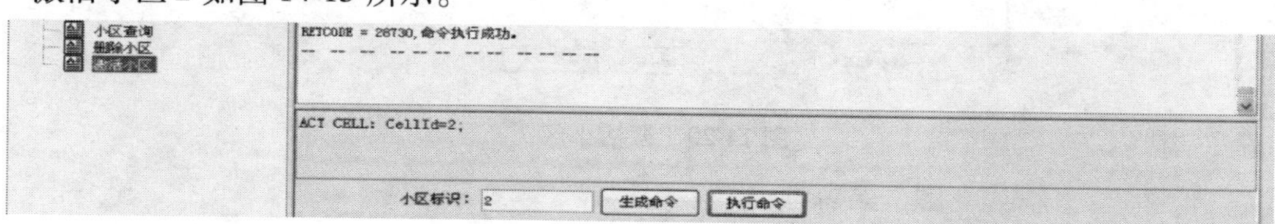

图 14-15　激活小区 2

激活小区 3 如图 14-16 所示。

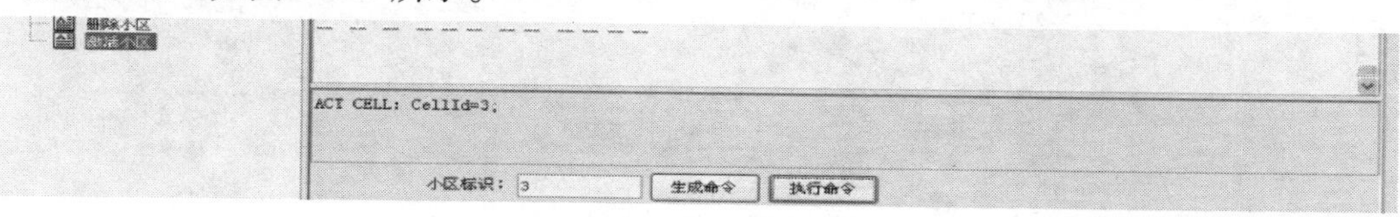

图 14-16　激活小区 3

激活小区 4 如图 14-17 所示。

图 14-17　激活小区 4

激活小区 5 如图 14-18 所示。

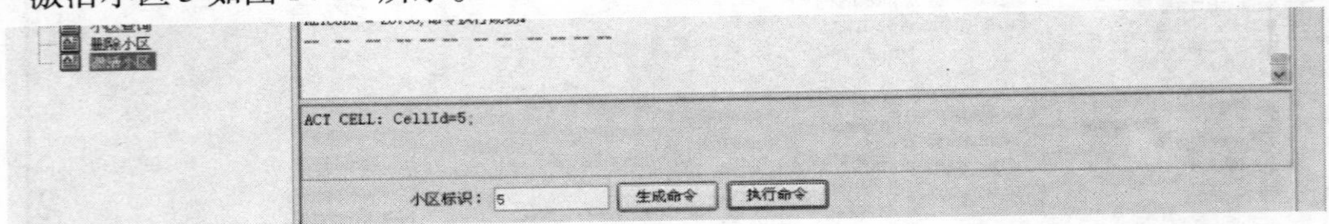

图 14-18　激活小区 5

激活小区 6 如图 14-19 所示。

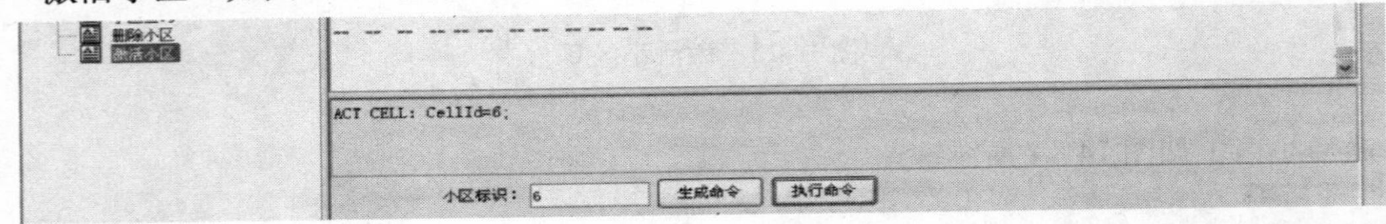

图 14-19　激活小区 6

激活小区 7 如图 14-20 所示。

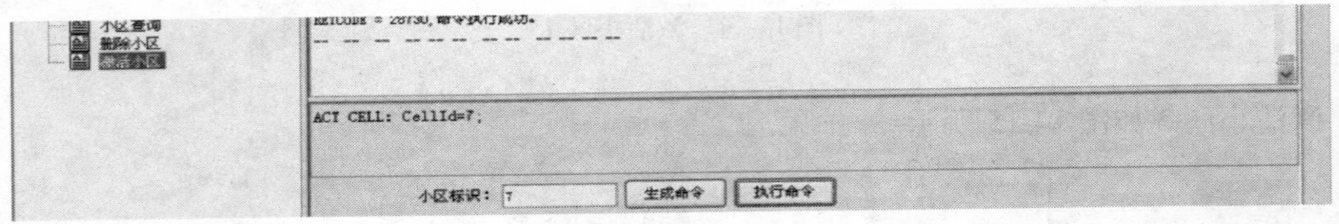

图 14-20　激活小区 7

激活小区 8 如图 14-21 所示。

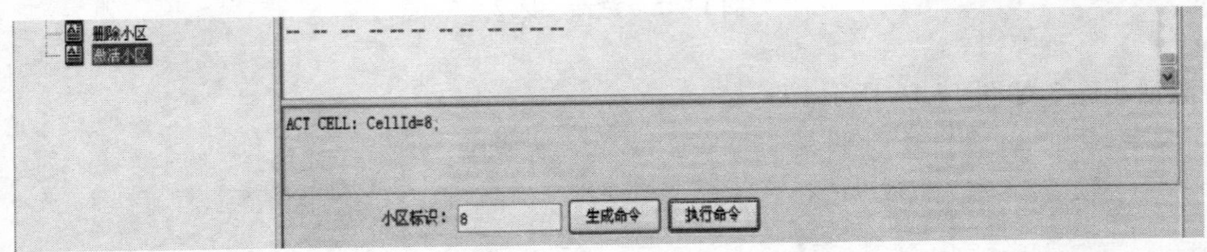

图 14-21　激活小区 8

至此，小区数据已配置完成，可进行格式化、加载、查看小区的数据是否与规划一致。

五、课后习题

1. 下行主扰码有多少组？
2. 在配置小区时是否需要路由区参数？

实验十五　RNC 小区数据配置（真实环境）

一、实验目的

通过本实验，学生可以了解真实环境下 RNC 小区数据配置步骤。

二、实验器材

WCDMA-RNC 设备：BSC6810。
WCDMA-NodeB 设备：DBS3900。
实验终端电脑若干台（已安装华为 RNC LM7 应用软件）。

三、实验内容说明

1）小区协商数据见表 15-1。

表 15-1　小区协商数据

基站名称	小区编号	小区名称	本地小区编号	频段指示
NodeB10	13	13	0	Band1
上行频点	下行频点	下行主扰码	时间偏移参数	最大发射功率/dBm
9612	10562	13	chip0	430

2）数据配置流程，如图 15-1 所示。

前提：RNC 的设备数据、全局数据、Iu-cs 接口数据、Iu-ps 接口数据、Iub 接口数据都配置完成。

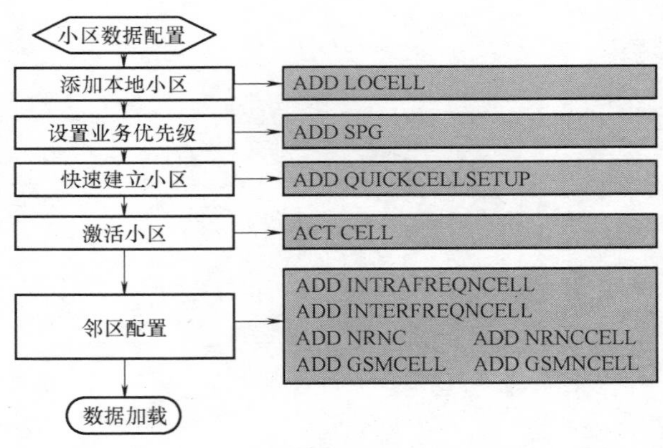

图 15-1　数据配置流程

四、实验步骤

1）激活小区，如图 15-2 所示。

图 15-2　激活小区

2）新增一个业务优先级映射，如图 15-3 所示。

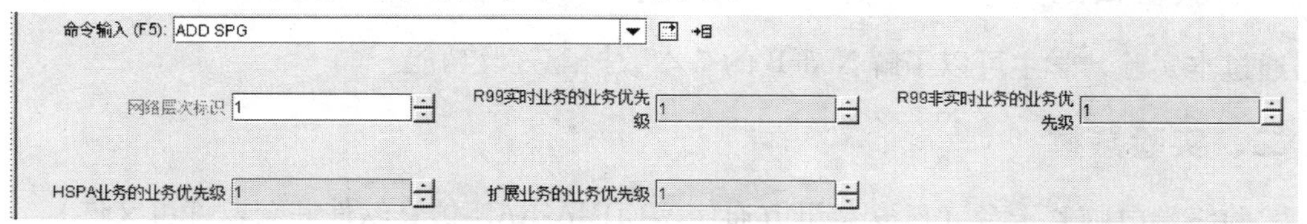

图 15-3　新增一个业务优先级映射

3）快速建立小区，如图 15-4 所示。

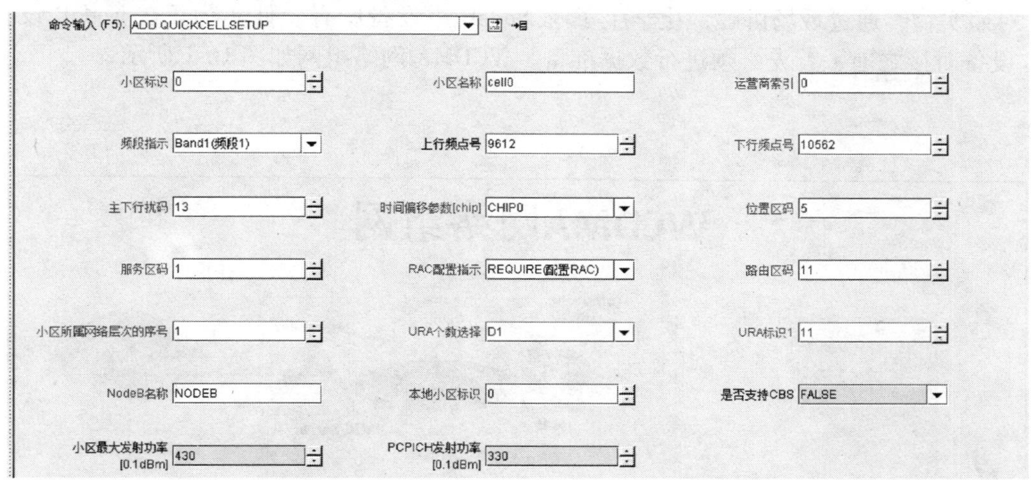

图 15-4　快速建立小区

4）激活小区，如图 15-5 所示。

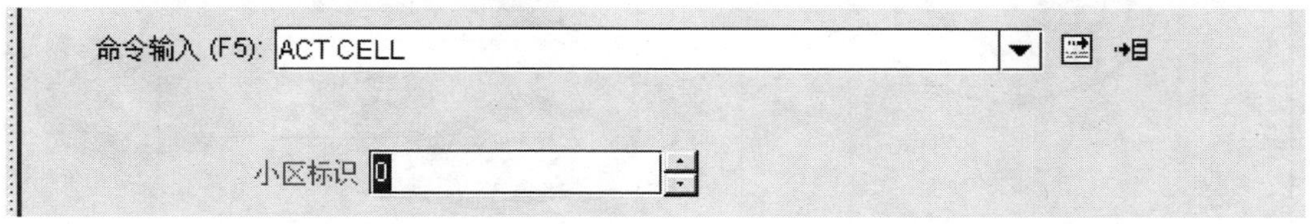

图 15-5　激活小区

至此，小区数据已配置完成，可进行格式化、加载、查看小区的数据是否与规划一致。

五、课后习题

1. 小区协商数据有什么作用？
2. 练习使用协商数据进行小区数据配置。

实验十六　NodeB 基本数据配置（仿真环境）

一、实验目的

通过本实验，学生可以了解 NodeB 的基本数据配置及功能。

二、实验器材

实验终端电脑若干台（已安装讯方通信 WCDMA-RAN 仿真软件并获取许可文件）。

三、实验内容说明

对照实物，通过现场讲解，让学生了解 NodeB 主设备所有硬件实物。在 NodeB 设备与 RNC 设备对接之前，首先必须进行数据准备。WCDMA 网络组网如图 16-1 所示。

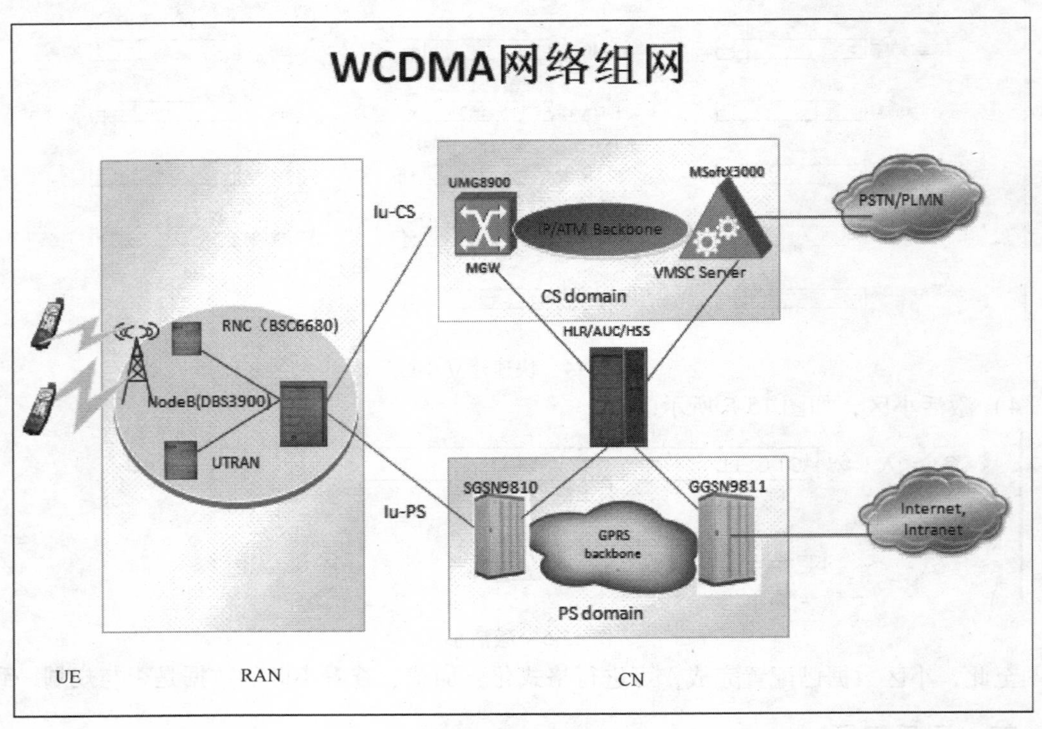

图 16-1　WCDMA 网络组网

相关协商数据如表 16-1 和表 16-2 所示。

表 16-1　Iub 协商数据

物理层和链路协商数据			Iub 控制面协商数据			Iub 用户面协商数据		Iub IP 地址协商数据		
接口板类型	以太网端口 IP 地址/子网掩码	以太网端口对端 IP 地址/子网掩码	本端主 IP 地址/子网掩码（SCTP）	对端主 IP 地址/子网掩码（SCTP）	本端 SCTP 端口号/对端 SCTP 端口号	本端 IP 地址/子网掩码	对端 IP 地址/子网掩码	RNC FE 端口 IP 地址/子网掩码	NodeB FE 端口 IP 地址/子网掩码	NodeB 操作维护 IP 地址/子网掩码
FE	11.57.95.56/24	11.57.95.79/24	11.57.95.56/24	11.57.95.79/24	38098/39876，46537	11.57.95.56/24	11.57.95.79/24	11.57.95.56/24	11.57.95.79/24	11.37.9.60/24

表 16-2　小区协商数据

位置区码	服务区码	路由区码	URA 标识
5122	1321	21	0
时间偏移参数	最大发射功率/dBm	上行频点	下行频点
CHIPO	430	9637/9662/9687	10587/10612/10637

了解硬件的基本配置及各单板的作用，如图 16-2 所示。

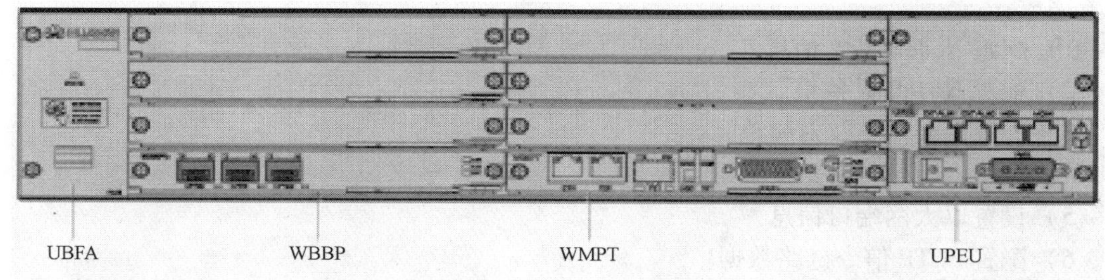

图 16-2　单板

WMPT 单板：WMPT（WCDMA Main Processing&Transmission unit）单板是 BBU3900 的主控传输板，为其他单板提供信令处理和资源管理功能。

UBFA 单板：UBFA（Universal BBU Fan Unit Type A）模块是 BBU3900 的风扇模块，主要用于风扇的转速控制及风扇板的温度检测。

WBBP 单板：WBBP（WCDMA BaseBand Process Unit）单板是 BBU3900 的基带处理板，

主要实现基带信号处理功能。

UPEU 单板：UPEU（Universal Power and Environment Interface Unit）单板是 BBU3900 的电源单板，用于实现 DC-48V 或 DC24V 输入电压转换为 12V 直流电压。

四、实验步骤

（一）数据规划

对 NodeB 进行相关数据和硬件单板分配，并规划 NodeB 与 RNC 设备对接时的协商参数等。

1）NodeB 标识：0。

2）上下链路资源组号：0。

3）SCTP 链路号：0 和 1。

4）CCP 端口号：0。

5）IP PATH 标识：0 和 1。

6）上行频点：9637/9662/9687。

7）下行频点：10587/10612/10637。

8）LOCELL：0 ~ 8。

9）Sector 号：0。

10）站型：01 模式。

11）发射分集模式：无发射分集。

其他参数与 RNC 共同协商。

（二）具体步骤

前提：RNC 的设备数据、全局数据、Iu-CS 接口数据、Iu-PS 接口数据、Ibu 接口数据都配置完成。

1）配置 NodeB 基本信息。

2）配置 NodeB 设备信息。

3）配置面板信息及射频单元。

4）配置上、下行链路资源组。

5）设置以太网端口信息。

6）配置 SCTP 信令链路数据。

7）配置 IubCP 数据。

8）配置 IP PATH 数据。

9）配置 OMCH 数据。

10）配置 IP 路由数据。

11）配置无线数据。

1. 启动软件

请参照实验二，此处不再赘述。

2. 配置数据

1）配置 NodeB 基本信息，如图 16-3 所示。

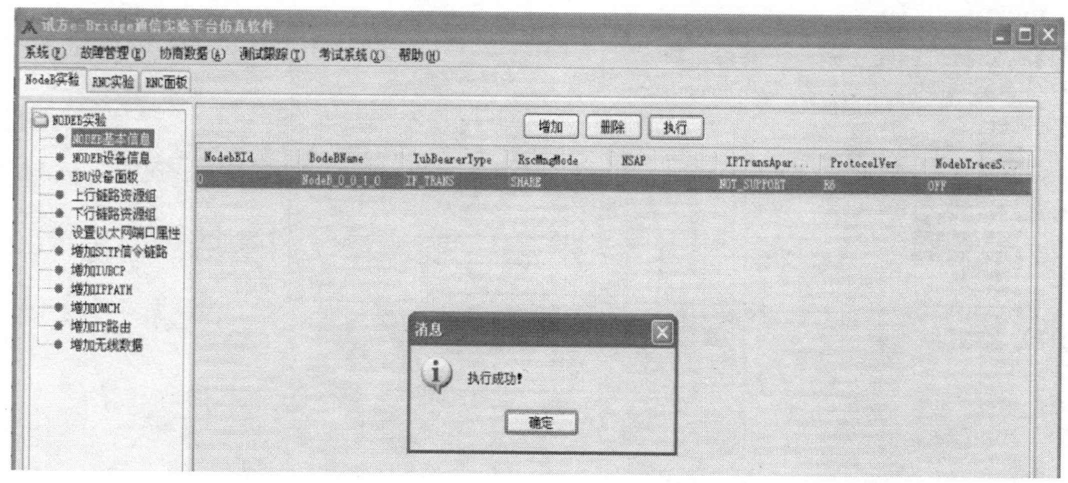

图 16-3　配置 NodeB 基本信息

2）配置 NodeB 设备信息，如图 16-4 所示。

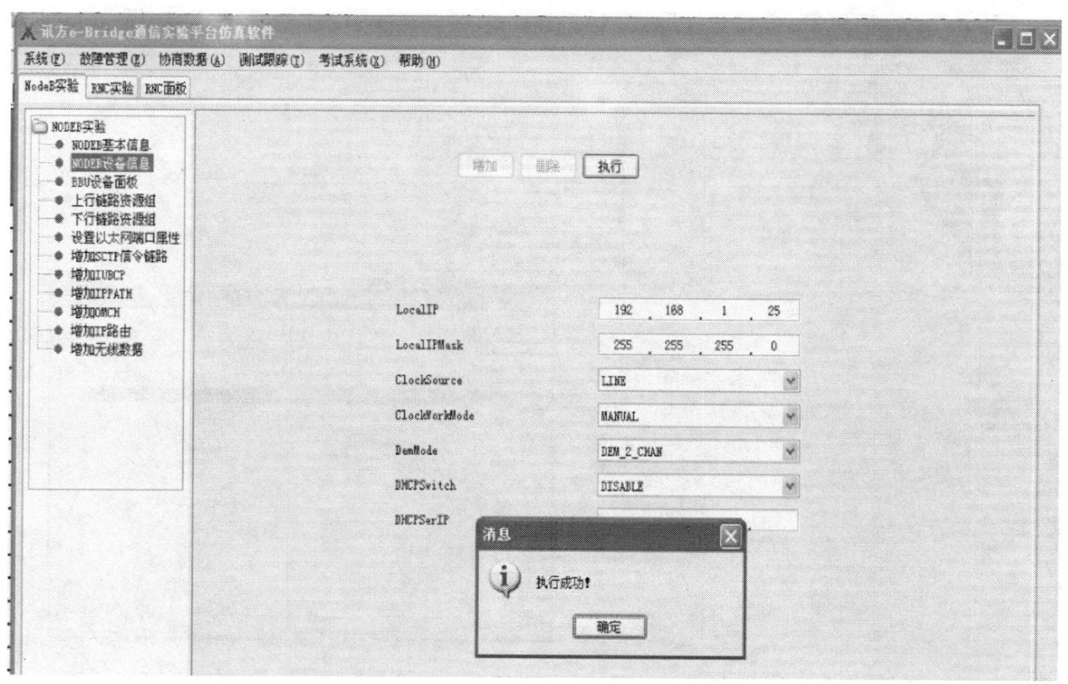

图 16-4　配置 NodeB 设备信息

3）在第 7 槽位添加 WMPT 单板，如图 16-5 所示。

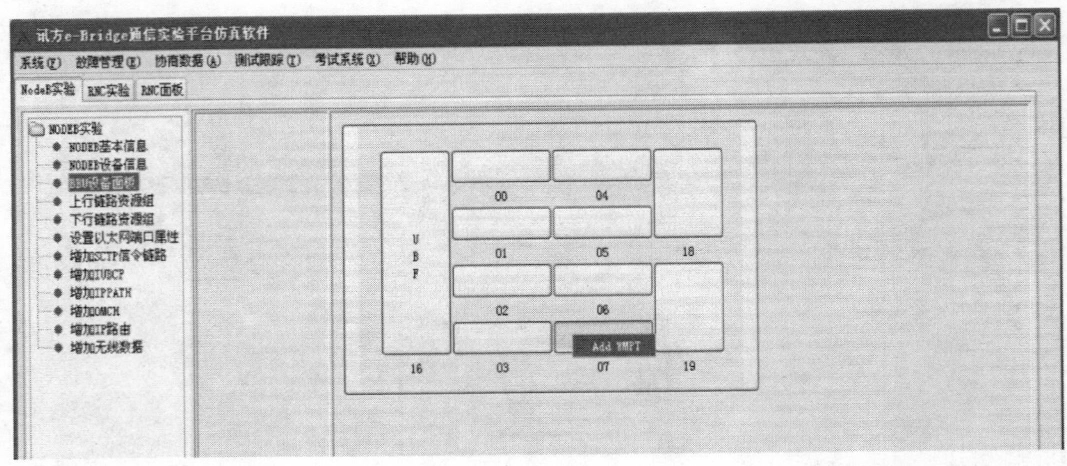

图 16-5　添加 WMPT 单板

4）设置单板属性，如图 16-6 所示。

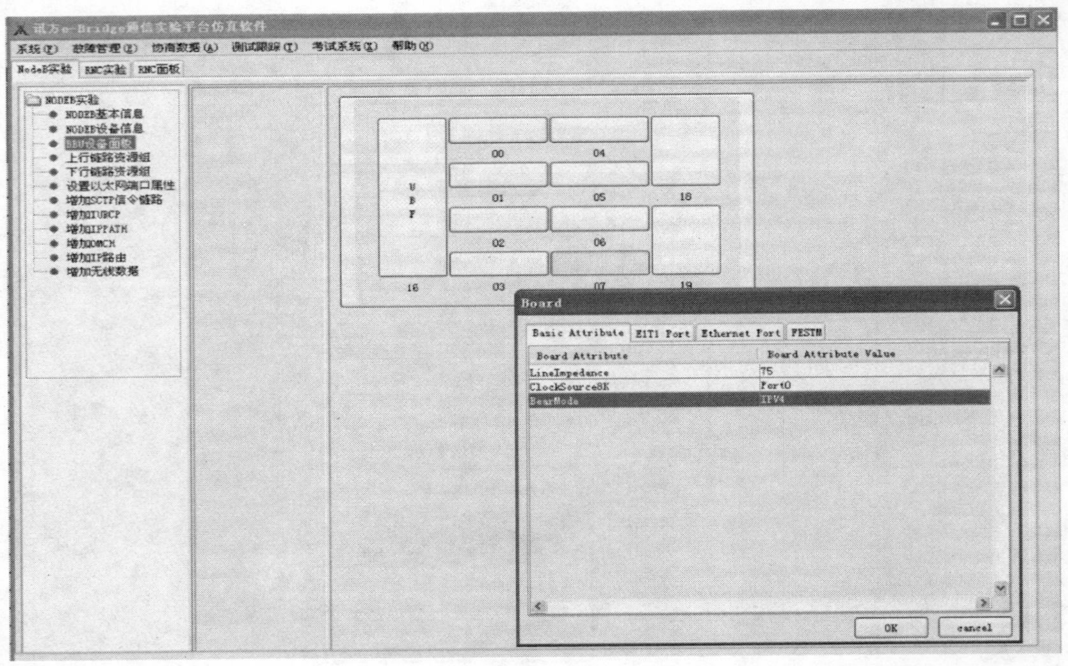

图 16-6　设置单板属性

5）在第 19 槽位添加 UPFA 单板，如图 16-7 所示。

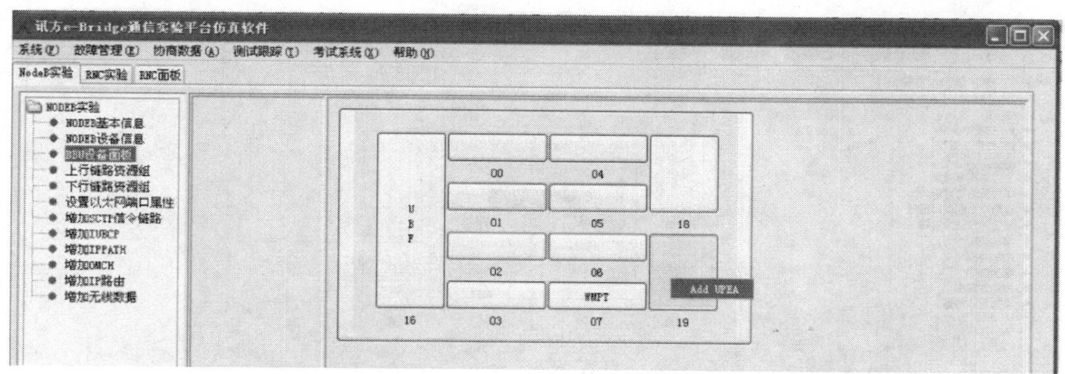

图 16-7　添加 UPFA 单板

6）在第 03 槽位添加 WBBPa 单板，如图 16-8 所示。

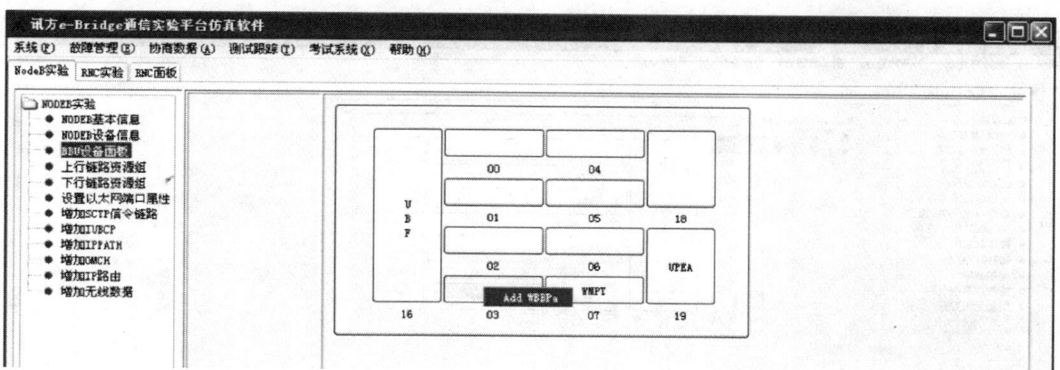

图 16-8　添加 WBBPa 单板

7）在第 02 槽位添加 WBBPa 单板，如图 16-9 所示。

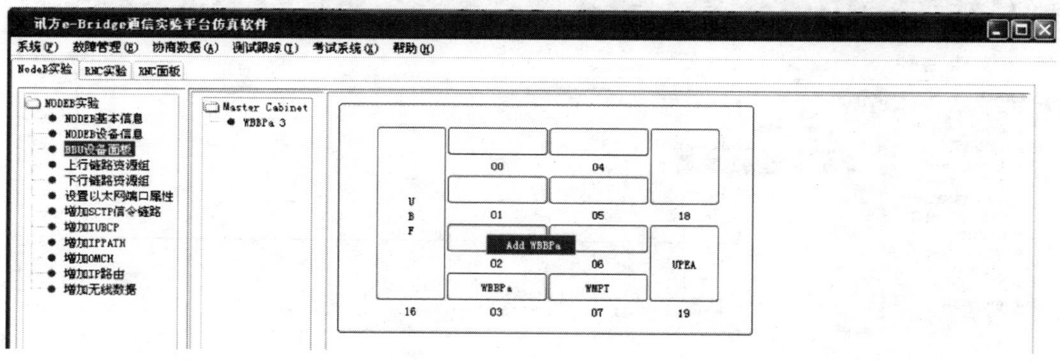

图 16-9　添加 WBBPa 单板

8）在第 01 槽位添加 WBBPa 单板，如图 16-10 所示。

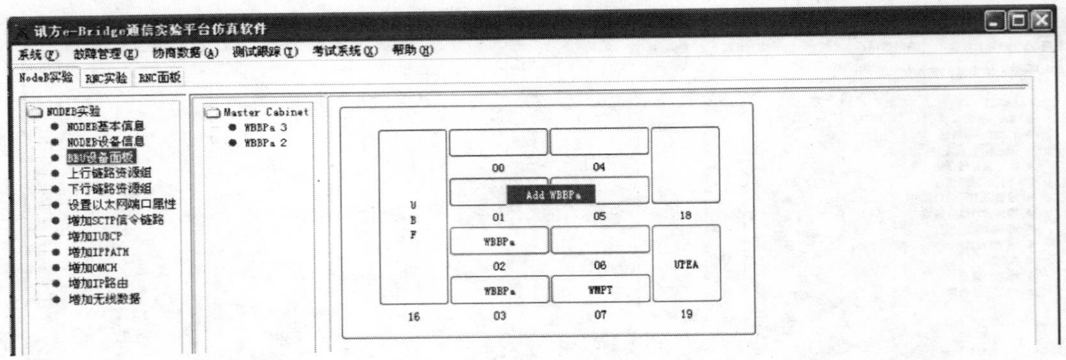

图 16-10　添加 WBBPa 单板

9）添加 RRUchain，如图 16-11 所示。

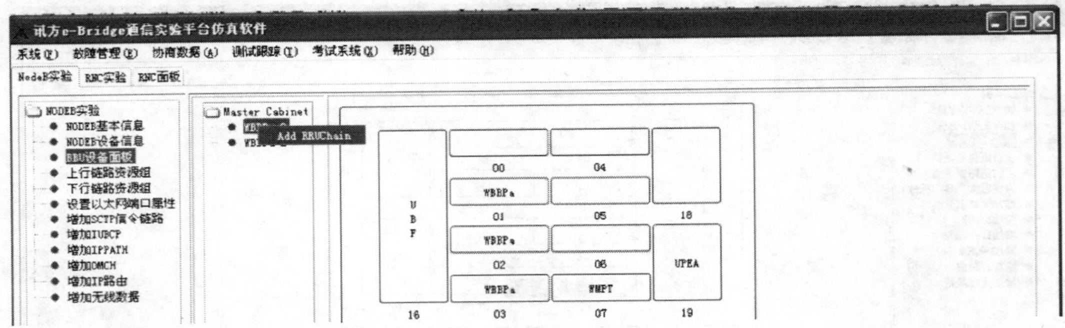

图 16-11　添加 RRUchain

10）添加第一个 MRRU，如图 16-12 所示。

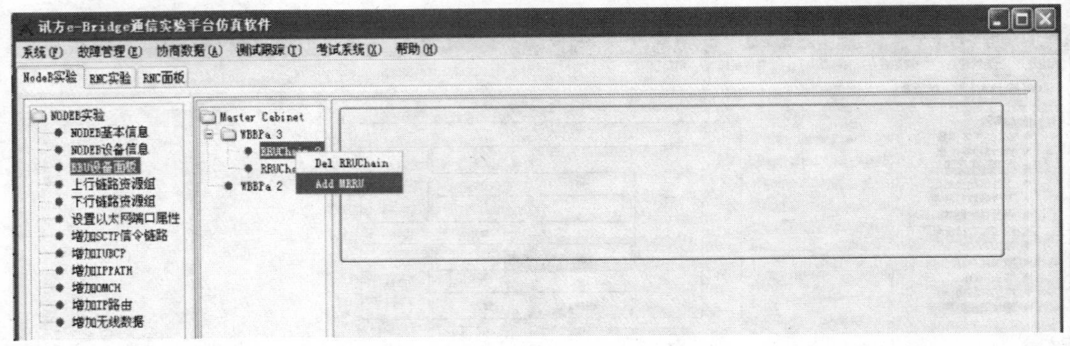

图 16-12　添加第一个 MRRU

11）添加第二个 MRRU，如图 16-13 所示。

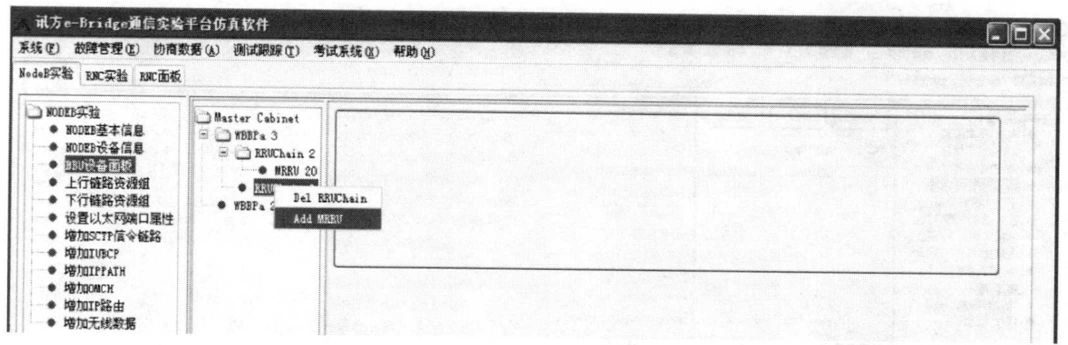

图 16-13　添加第二个 MRRU

12）添加第二个 RRUchain，如图 16-14 所示。

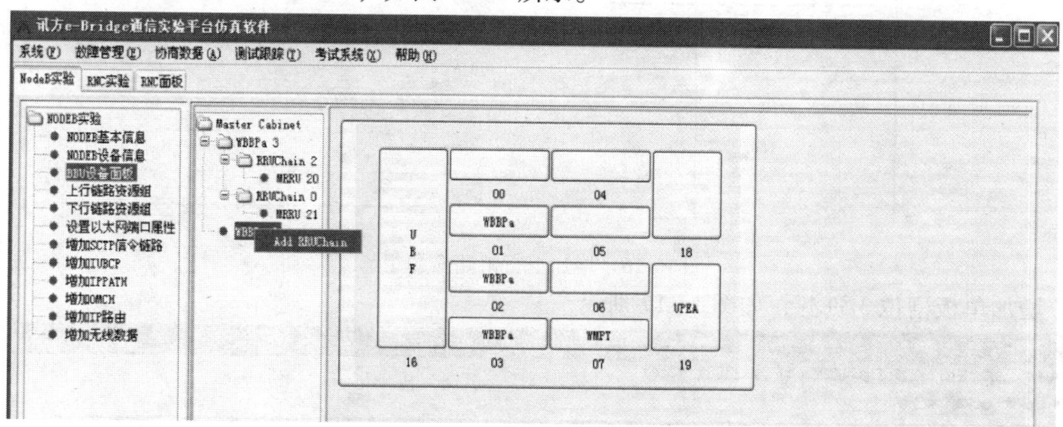

图 16-14　添加第二个 RRUchain

13）添加第三个 MRRU，如图 16-15 所示。

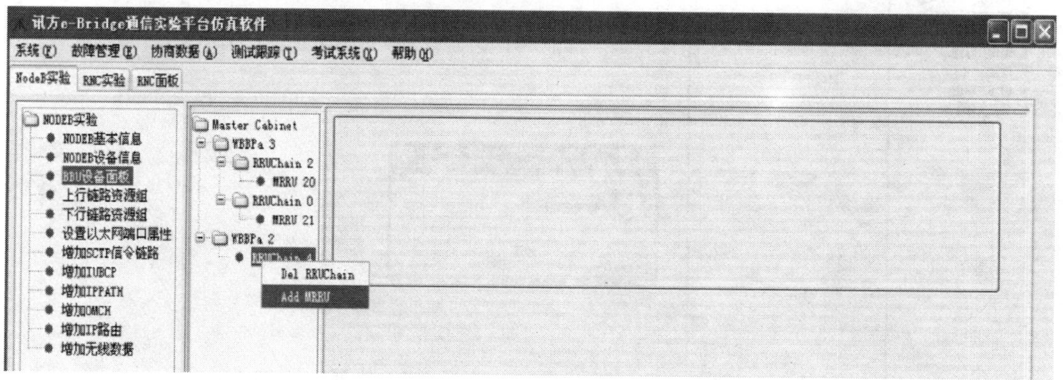

图 16-15　添加第三个 MRRU

（4）配置上、下行链路资源组，如图 16-16 ~ 图 16-23 所示。增加上行链路资源组，如图 16-16 所示。

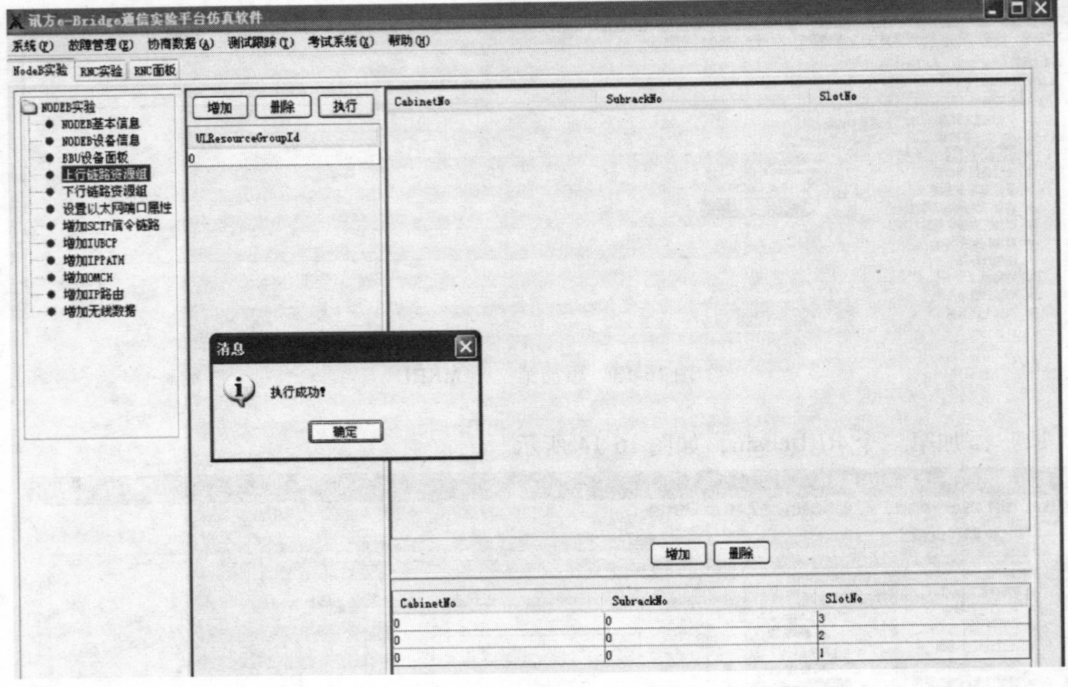

图 16-16　增加上行链路资源组

增加单板槽位 3 资源，如图 16-17 所示。

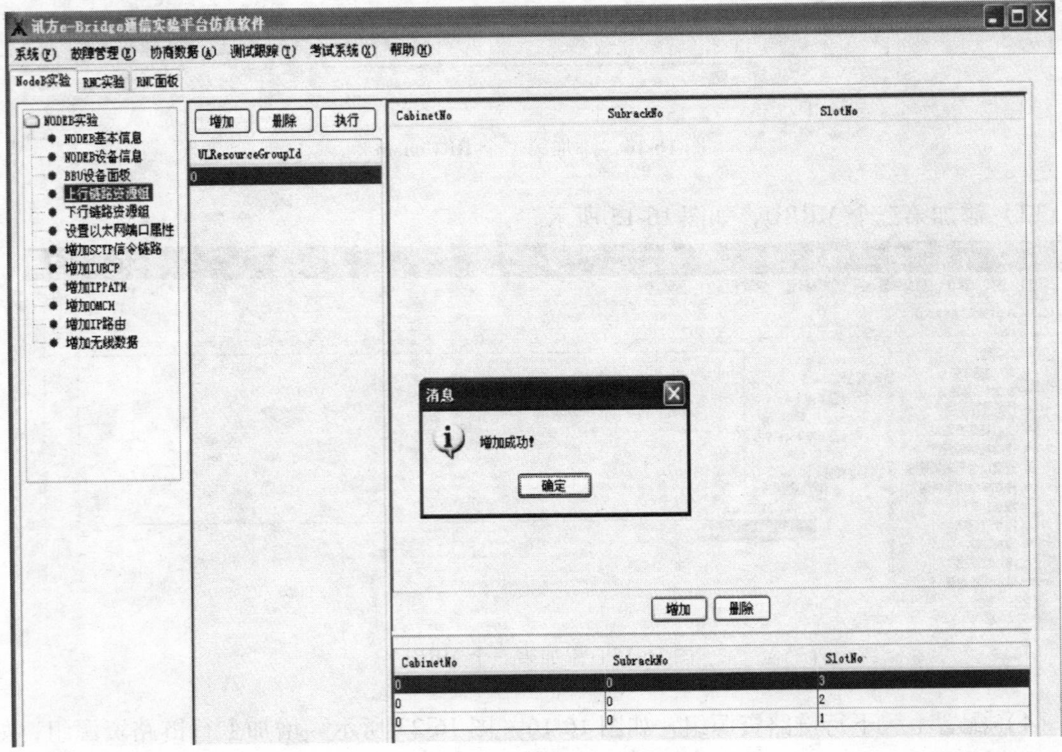

图 16-17　增加单板槽位 3 资源

增加单板槽位 2 资源，如图 16-18 所示。

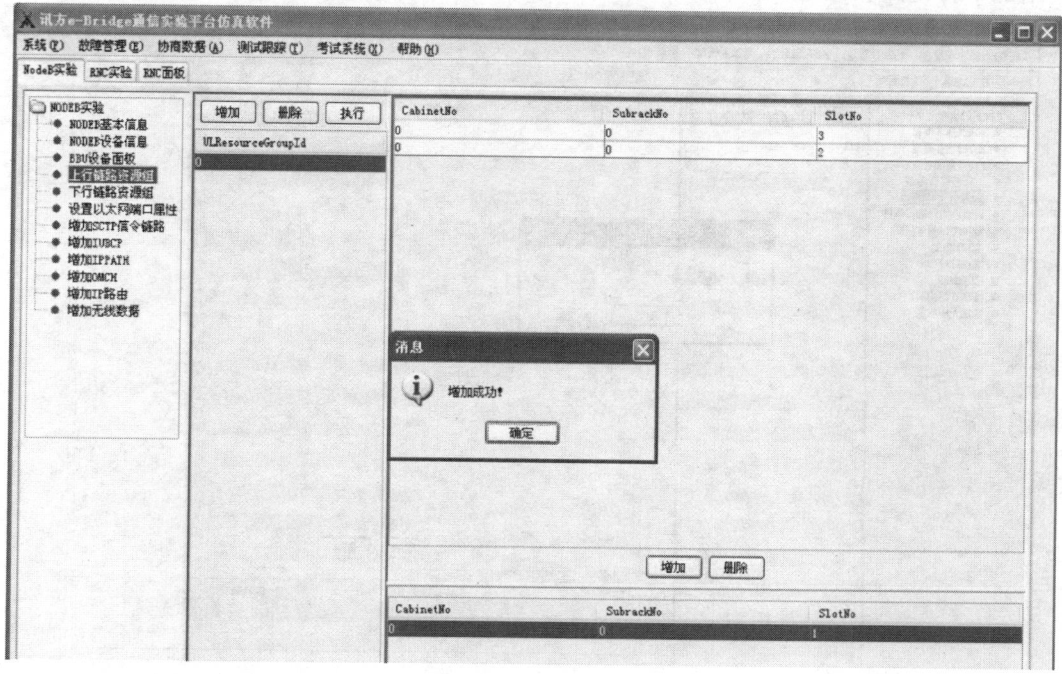

图 16-18　增加单板槽位 2 资源

增加单板槽位 1 资源，如图 16-19 所示。

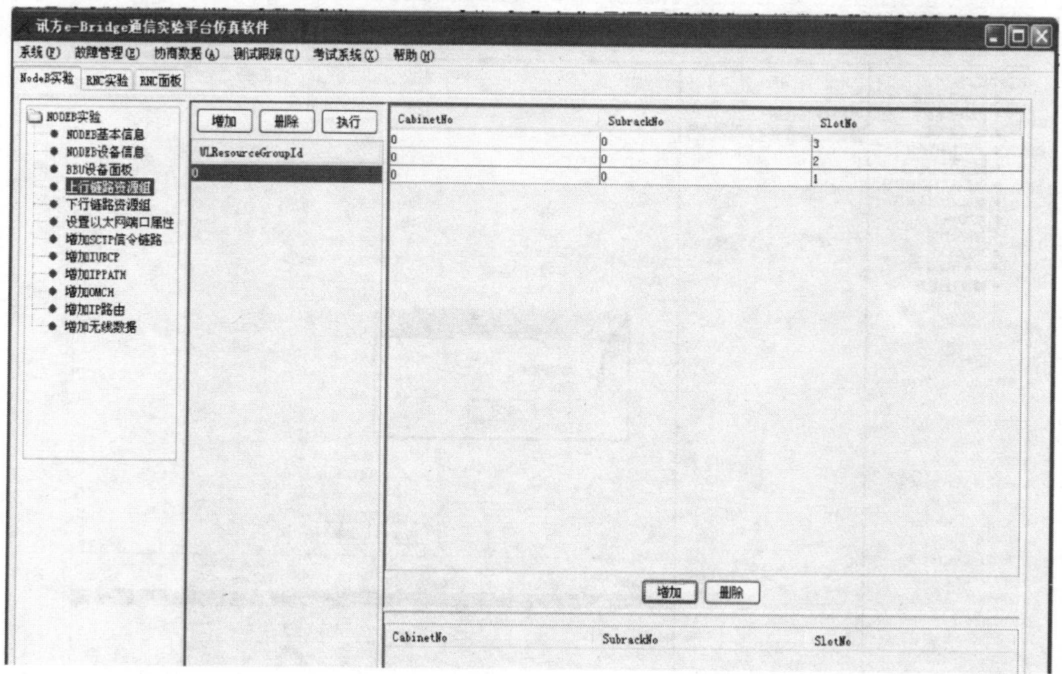

图 16-19　增加单板槽位 1 资源

增加下行链路资源组，如图 16-20 所示。

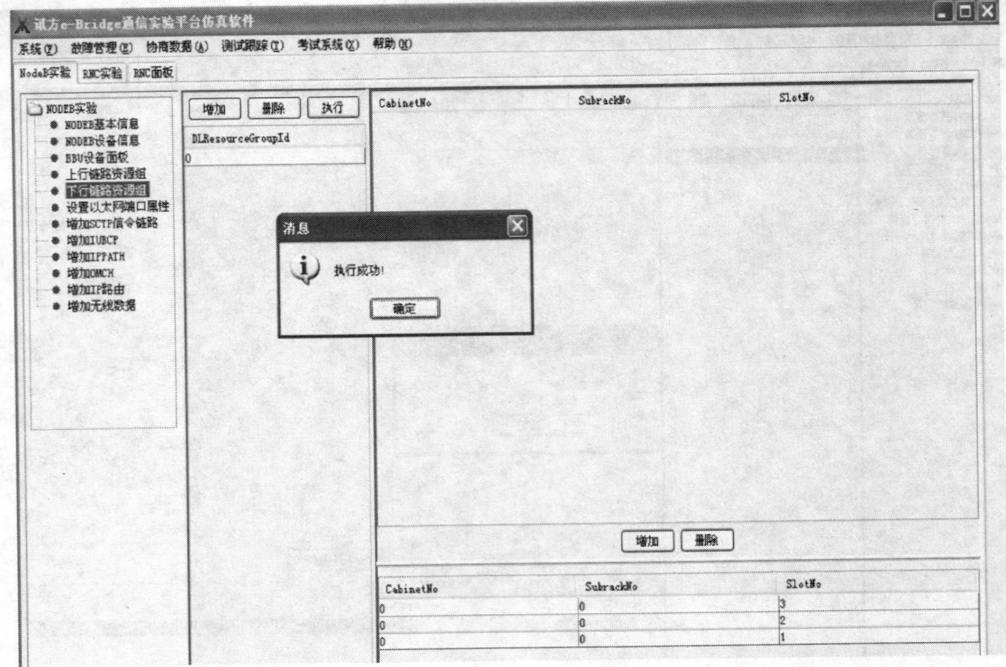

图 16-20　增加下行链路资源组

增加单板槽位 3 资源，如图 16-21 所示。

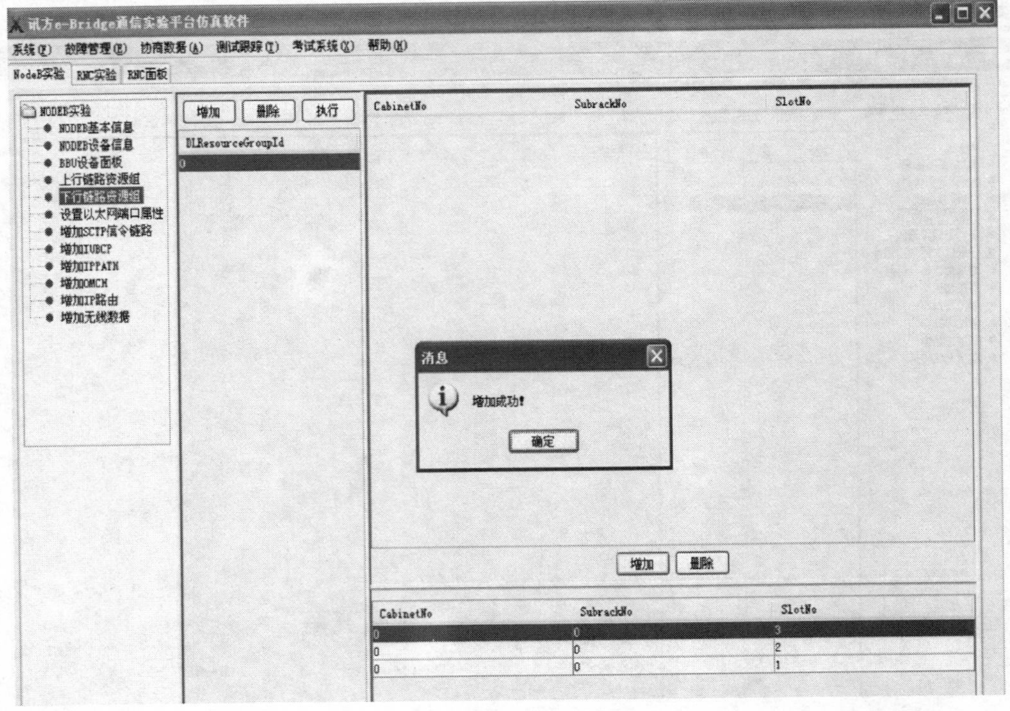

图 16-21　增加单板槽位 3 资源

增加单板槽位 2 资源，如图 16-22 所示。

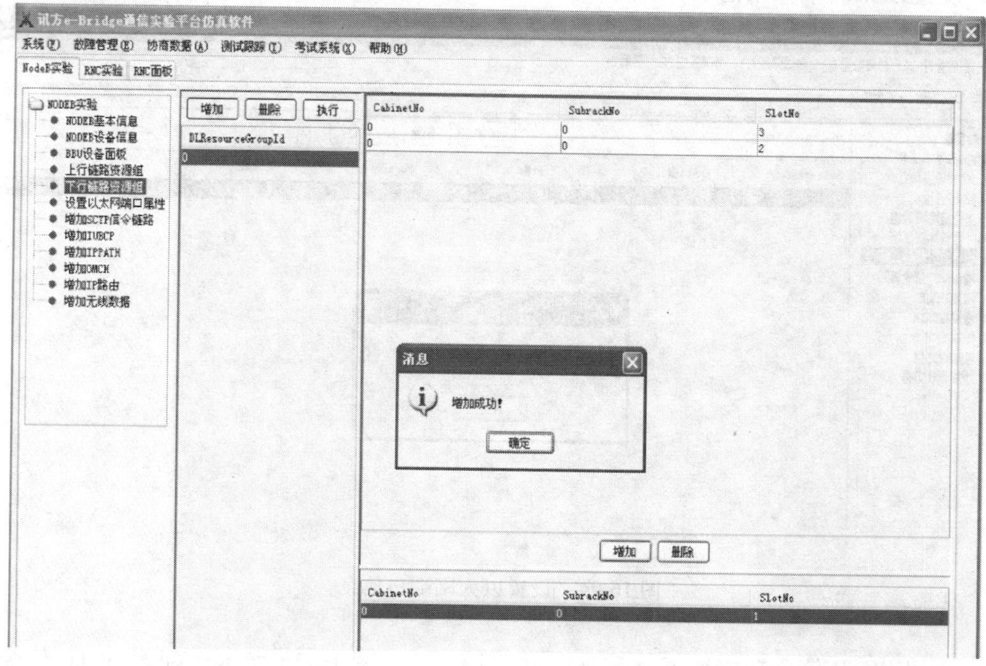

图 16-22　增加单板槽位 2 资源

增加单板槽位 1 资源，如图 16-23 所示。

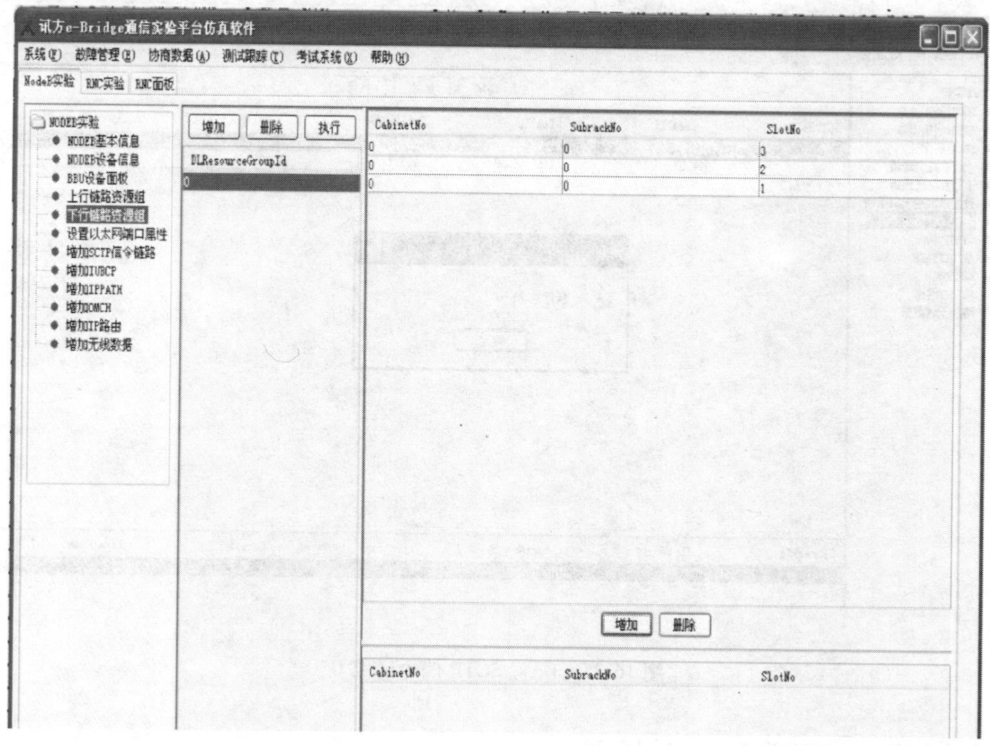

图 16-23　增加单板槽位 1 资源

5）设置以太网端口信息，如图 16-24 所示。

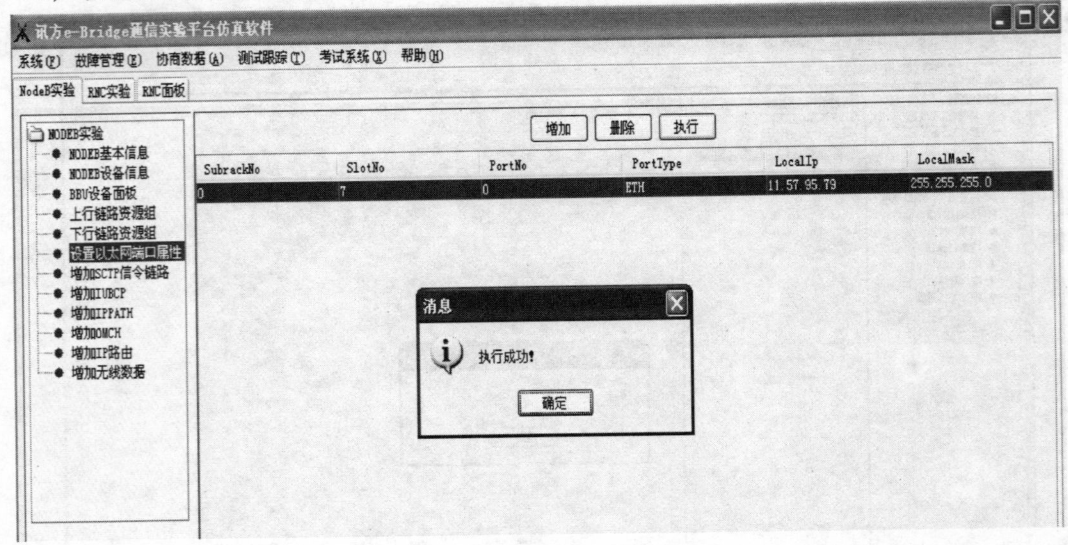

图 16-24　设置以太网端口信息

6）配置 SCTP 信令链路数据（2 项），如图 16-25、图 16-26 所示。配置 SCTP 信令链路 0，如图 16-25 所示。

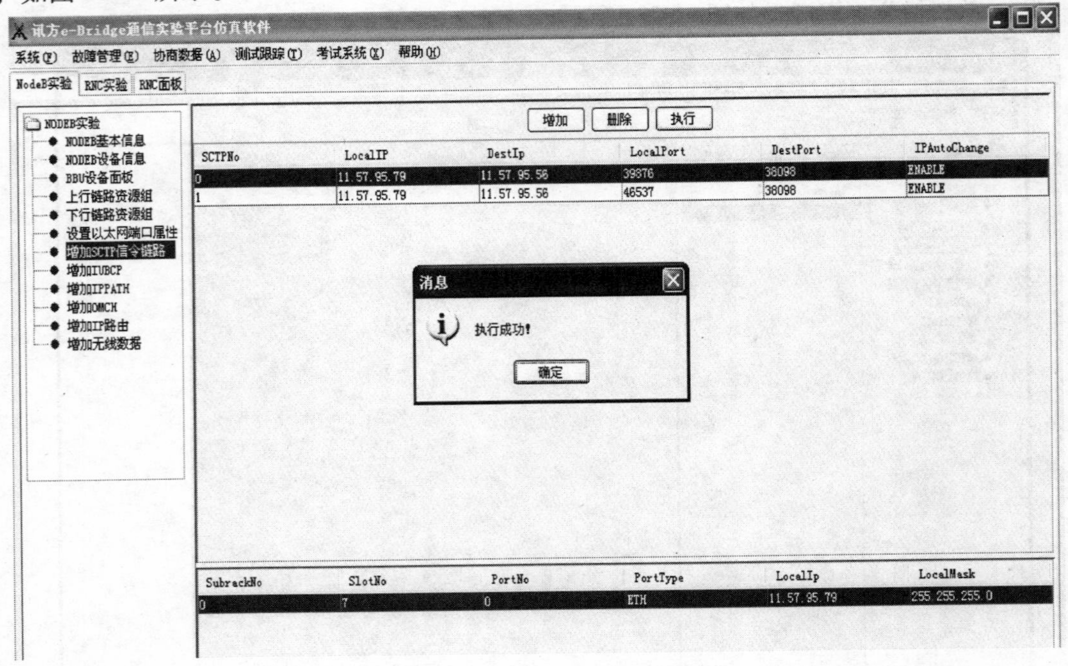

图 16-25　配置 SCTP 信令链路 0

配置 SCTP 信令链路 1，如图 16-26 所示。

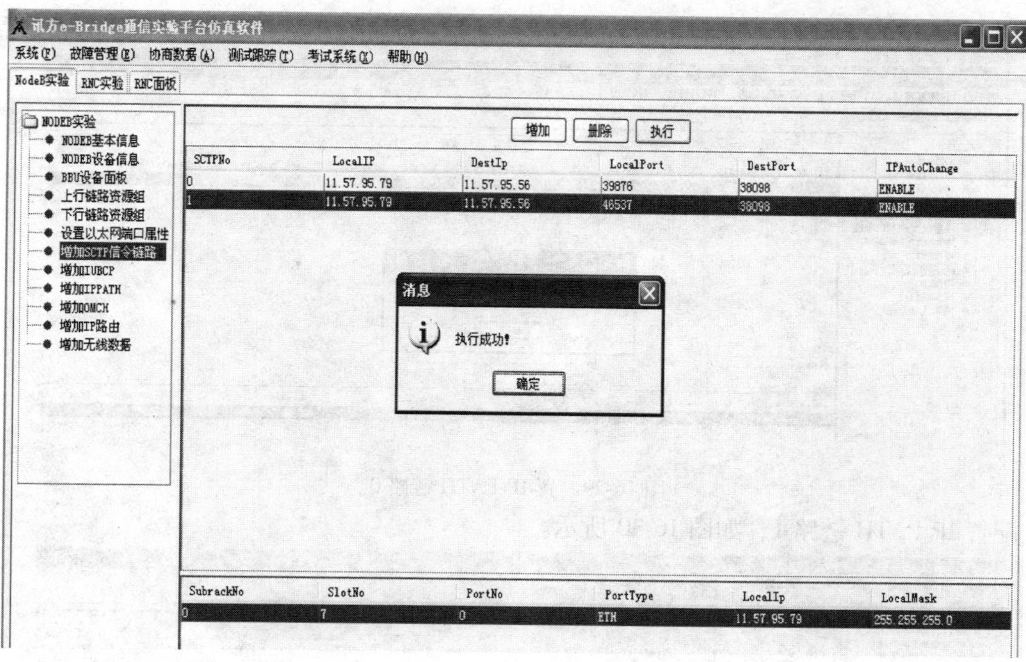

图 16-26　配置 SCTP 信令链路 1

7）配置 IubCP 数据，如图 16-27、图 16-28 所示。配置 NCP 链路，如图 16-27 所示。

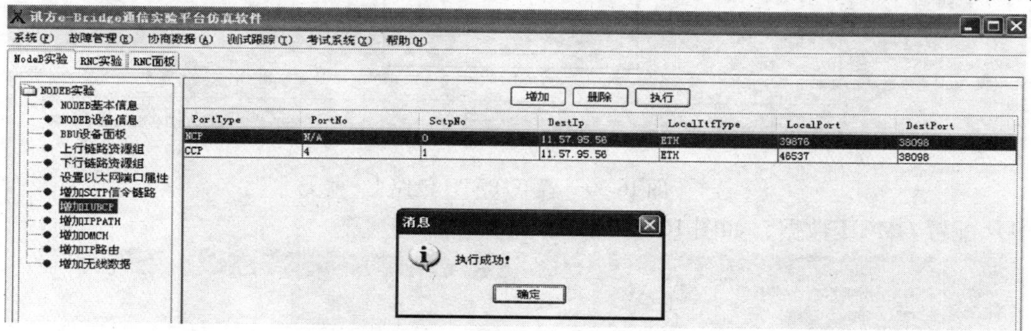

图 16-27　配置 NCP 链路

配置 CCP 链路，如图 16-28 所示。

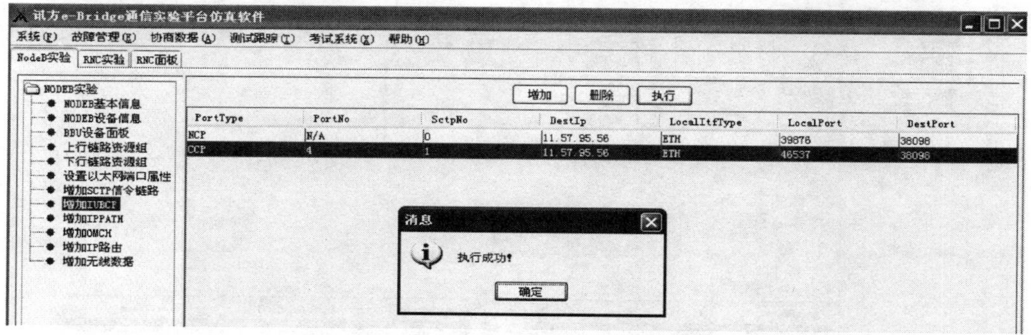

图 16-28　配置 CCP 链路

8）配置 IP PATH 数据，如图 16-29、图 16-30 所示。配置 IP PATH 链路 0，如图 16-31 所示。

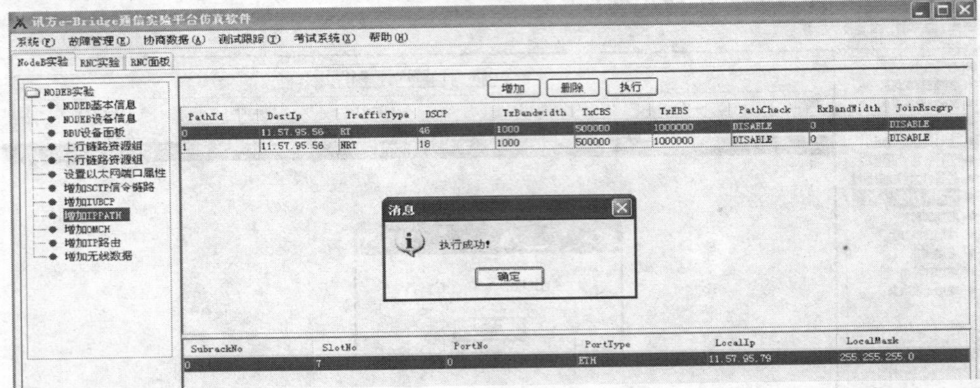

图 16-29　置 IP PATH 链路 0

配置 IP PATH 链路 1，如图 16-30 所示。

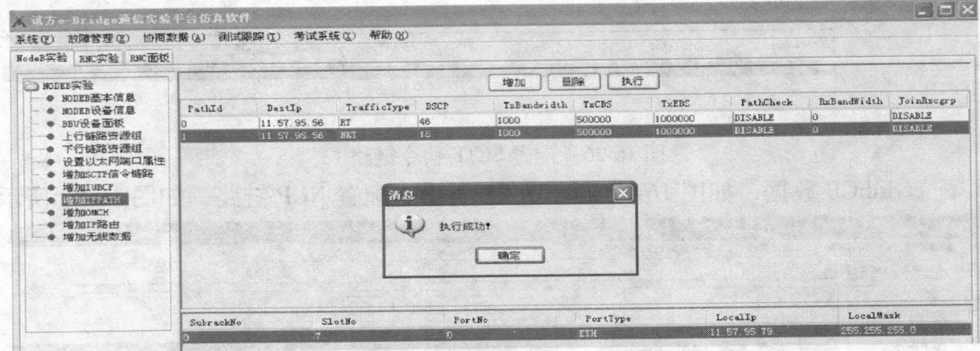

图 16-30　置 IP PATH 链路 1

9）配置 OMCH 数据，如图 16-31 所示。

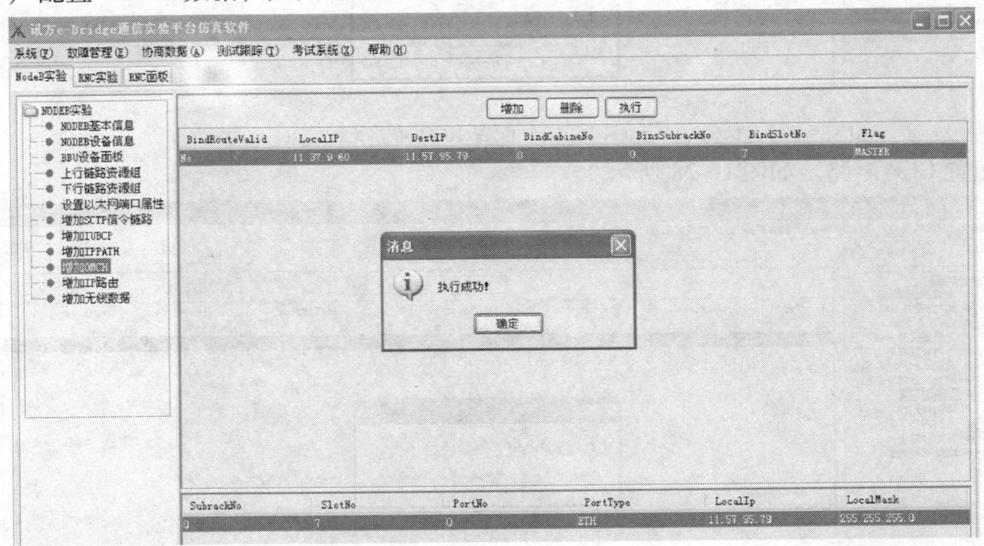

图 16-31　配置 OMCH 数据

10）配置 IP 路由数据，如图 16-32 所示。

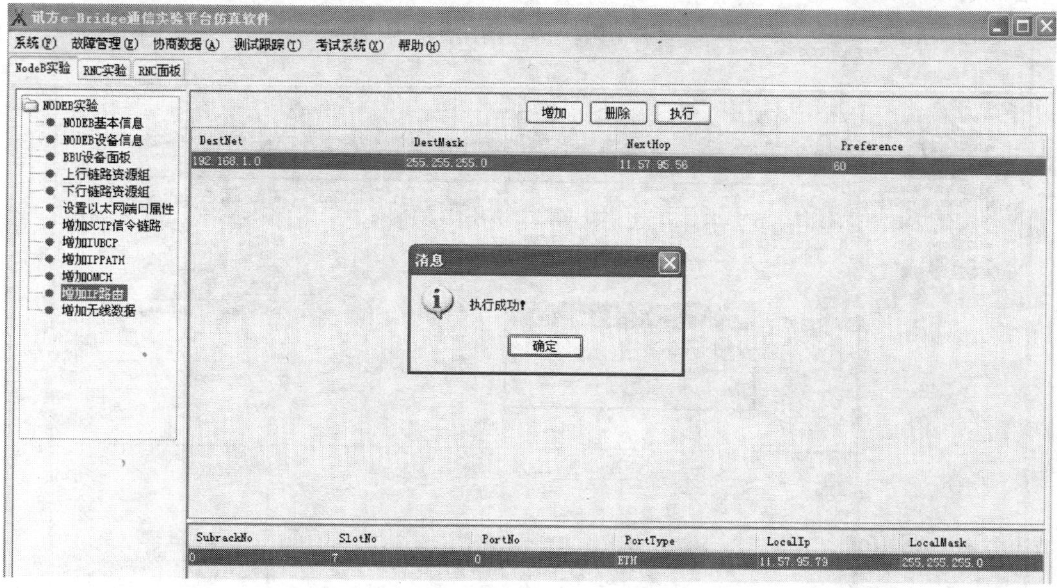

图 16-32　配置 IP 路由数据

11）配置无线数据，如图 16-33 ~ 图 16-49 所示。增加基站站点，如图 16-33 所示。

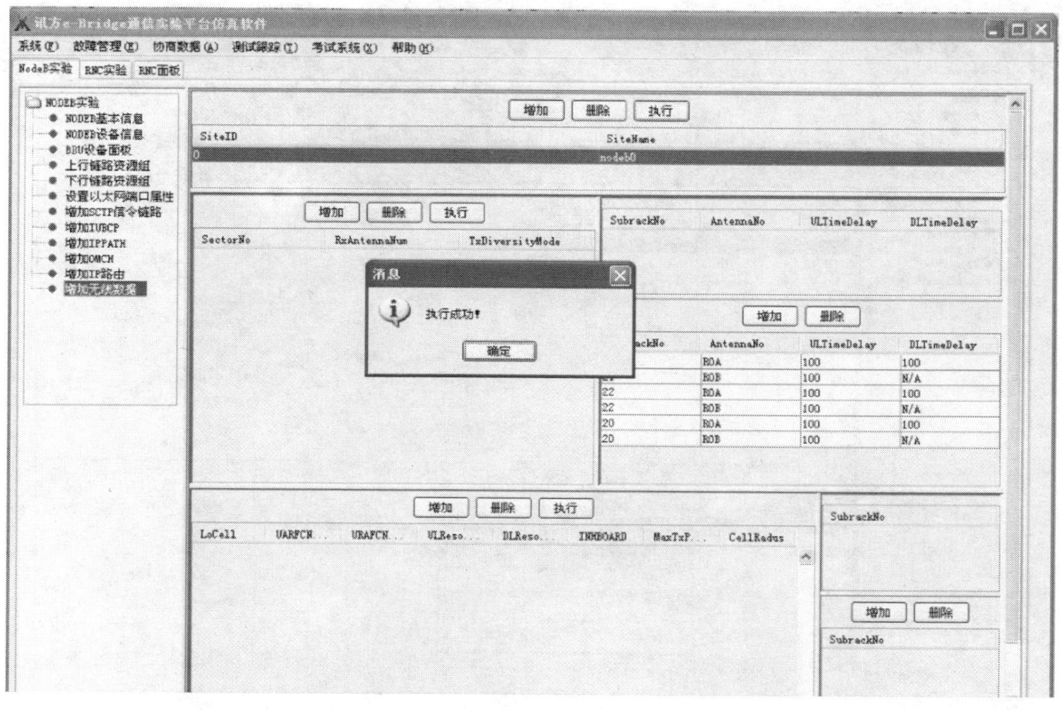

图 16-33　增加基站站点

增加扇区，如图 16-34 所示。

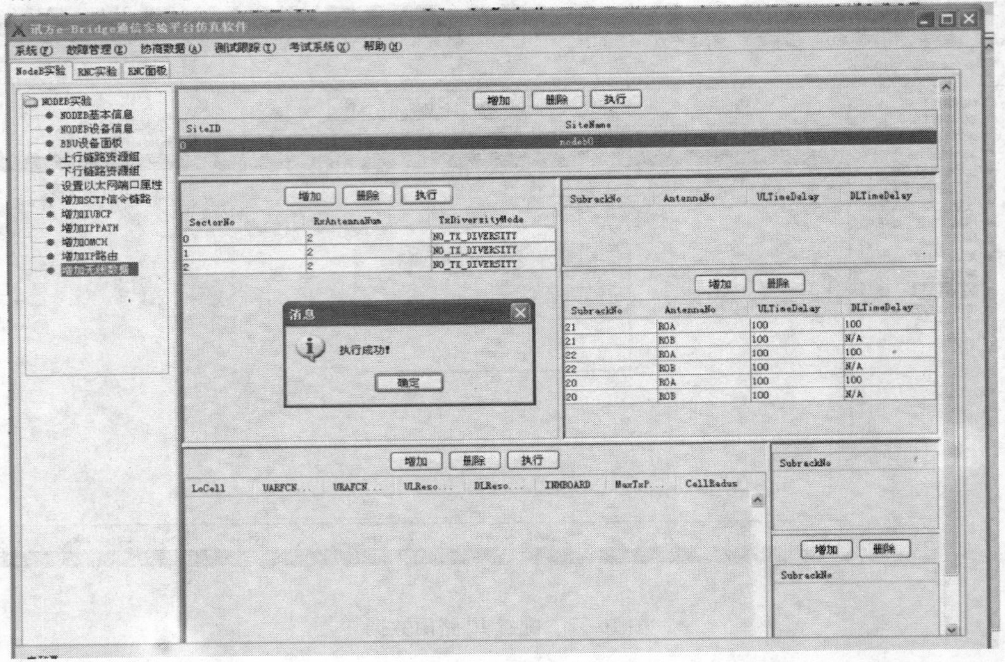

图 16-34　增加扇区

在 0 号扇区增加 RRU，如图 16-35 所示。

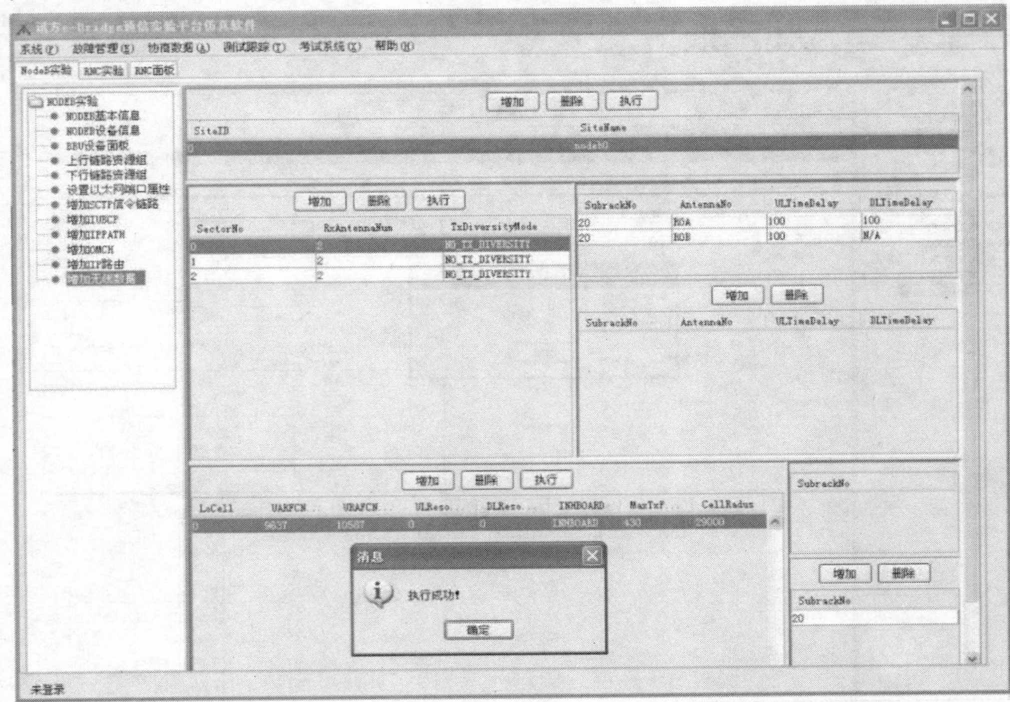

图 16-35　增加 RRU

在 0 号扇区增加 3 个小区（0～2），如图 16-36 所示。

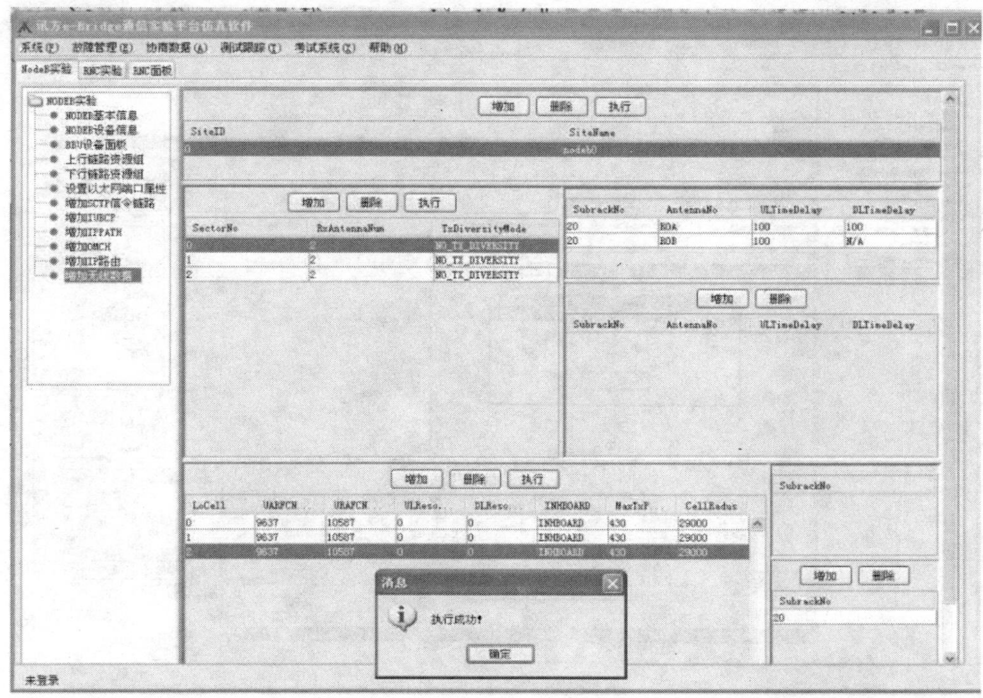

图 16-36　0 号扇区增加 3 个小区（0～2）

同理，在 1 号扇区再增加 3 个小区（3～5），如图 16-37 所示。

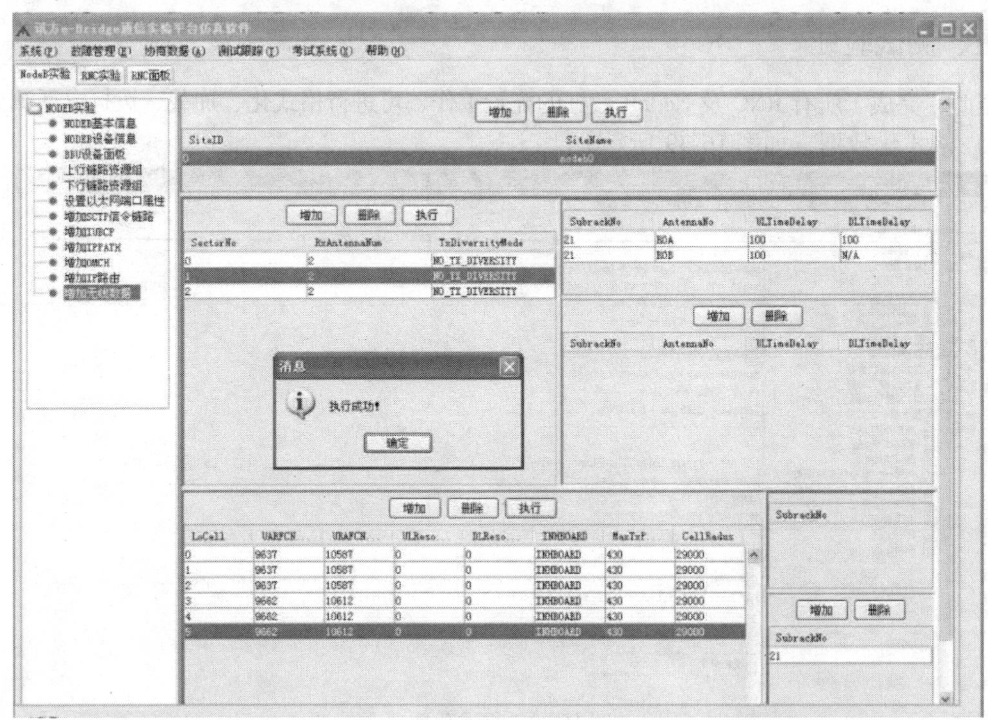

图 16-37　1 号扇区增加 3 个小区（3～5）

同理，在 2 号扇区再增加 3 个小区（6～8），如图 16-38 所示。

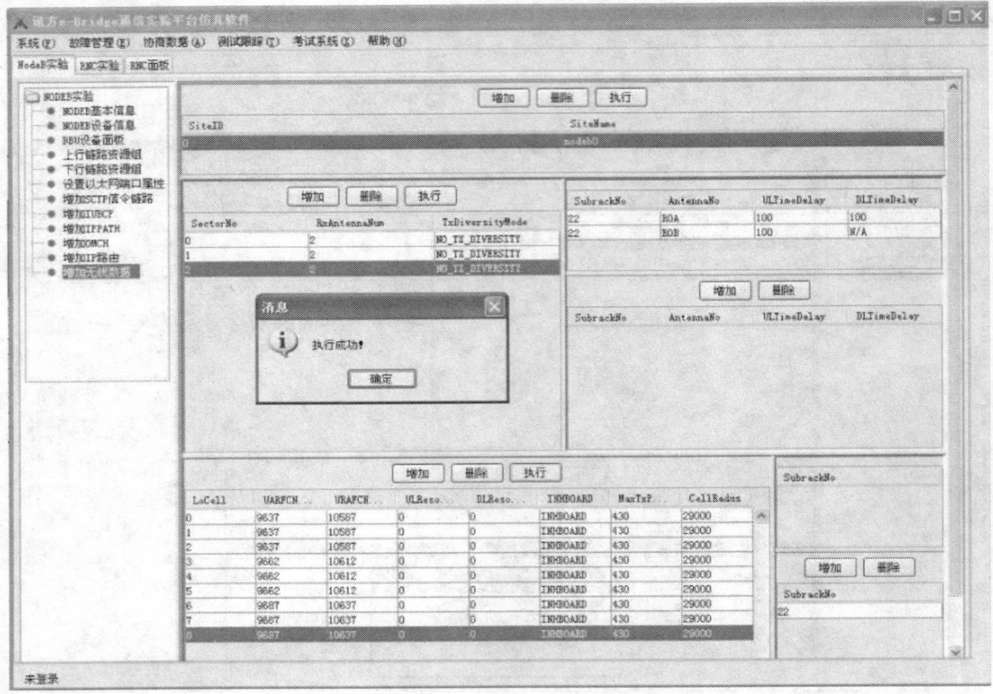

图 16-38　2 号扇区增加 3 个小区（6～8）

至此，NodeB 数据已配置完成，可进行格式化、加载、查看 NodeB 的数据是否与规划一致。

五、测试验证

至此，完成了所有 RNC 及 NodeB 数据的配置工作，可进行格式化、加载、拨打电话测试。

1）格式化数据，如图 16-39 所示。

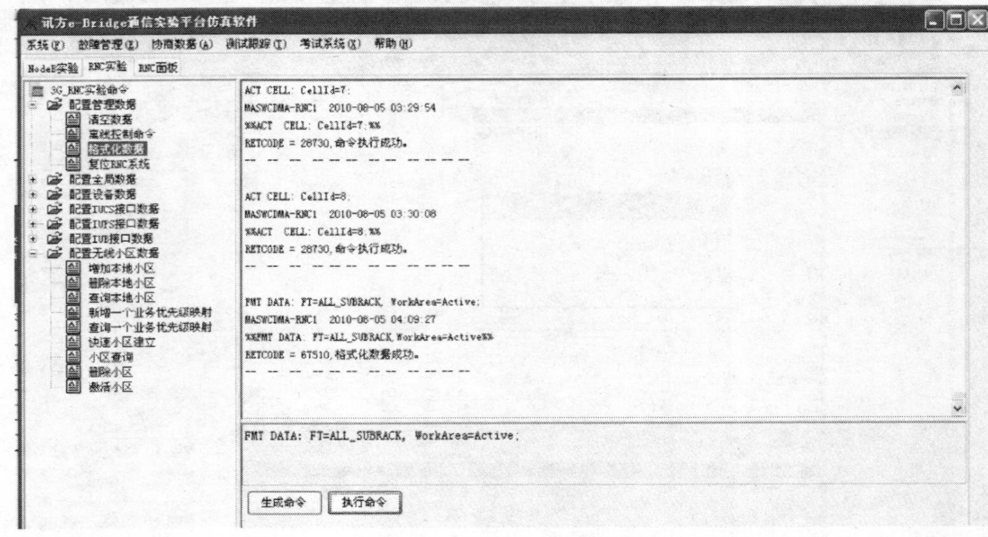

图 16-39　格式化数据

2）复位 RNC 系统，如图 16-40 和图 16-41 所示。

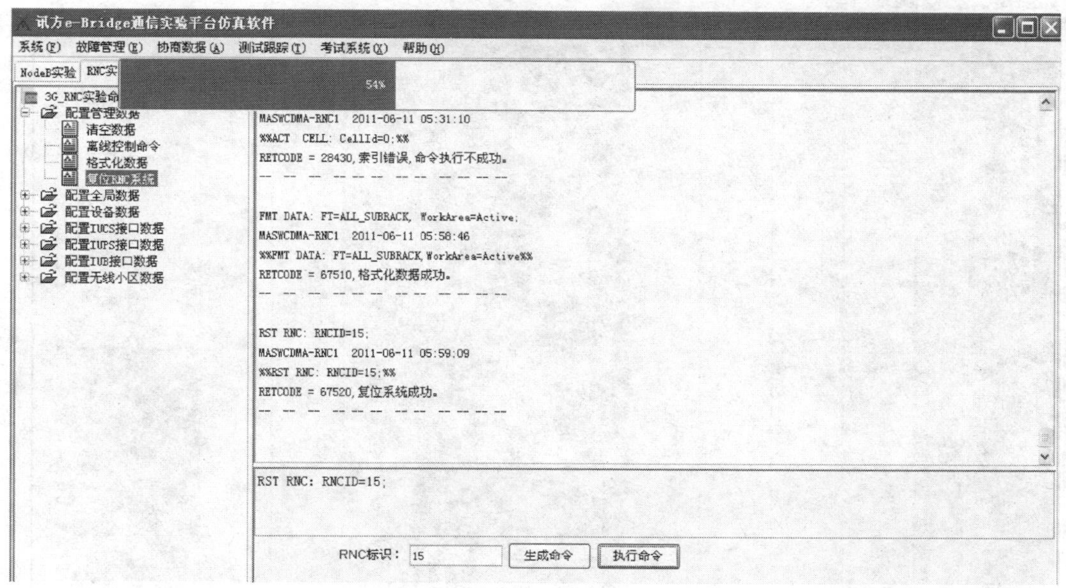

图 16-40 复位 RNC 系统（1）

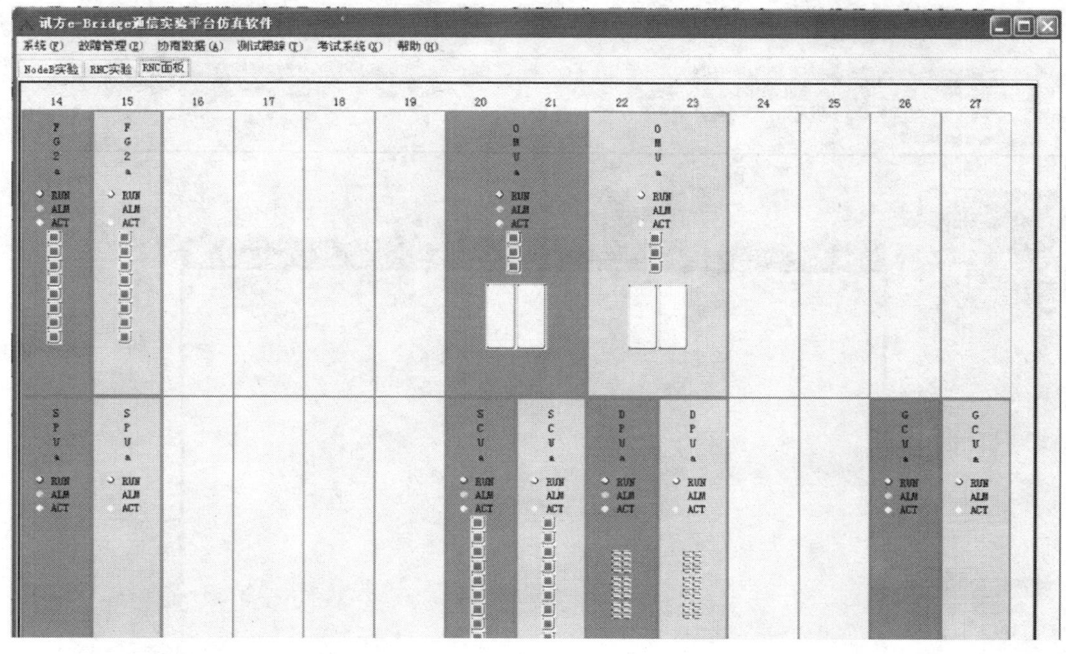

图 16-41 复位 RNC 系统（2）

3）查看故障告警信息，如图 16-42、图 16-43 所示。查看故障管理，如图 16-42 所示。

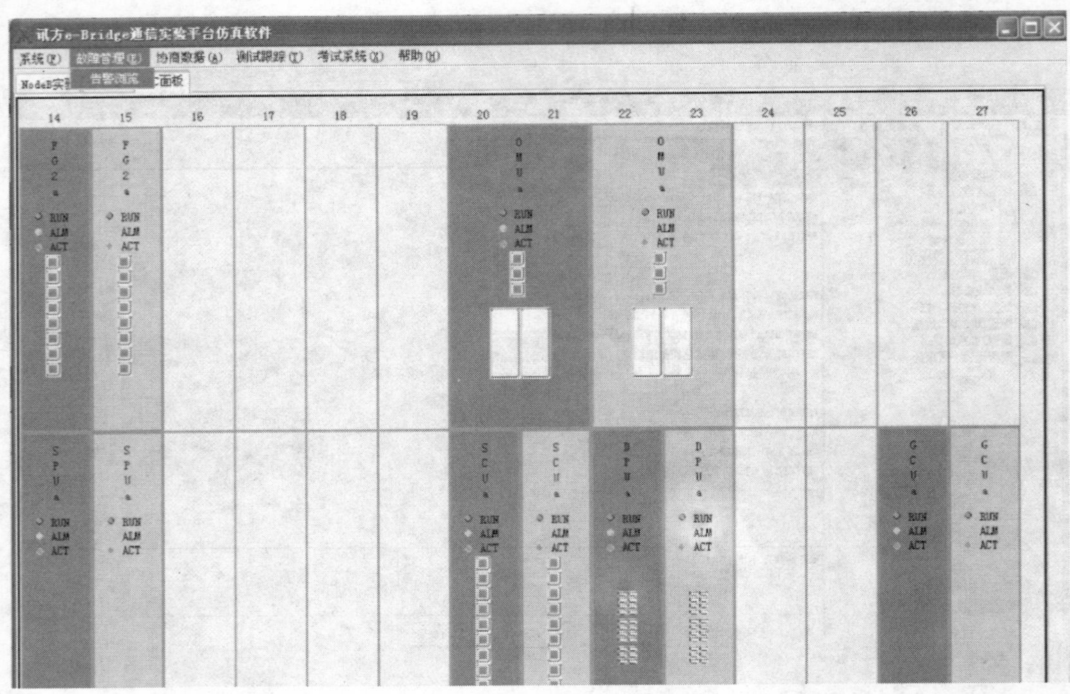

图 16-42　故障管理

查看告警浏览，如图 16-43 所示。

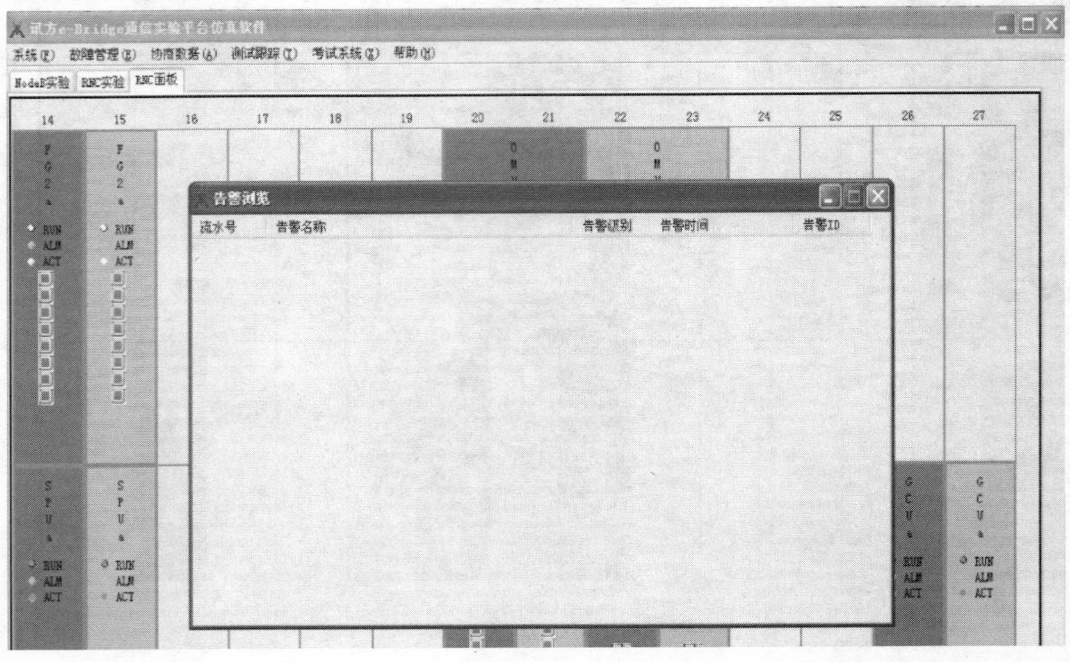

图 16-43　告警浏览

4）告警浏览无任何警告后才能进行测试跟踪，如图 16-44 ~ 图 16-45 所示。单击“测试跟踪”→“测试及信令跟踪”，如图 16-44 所示。

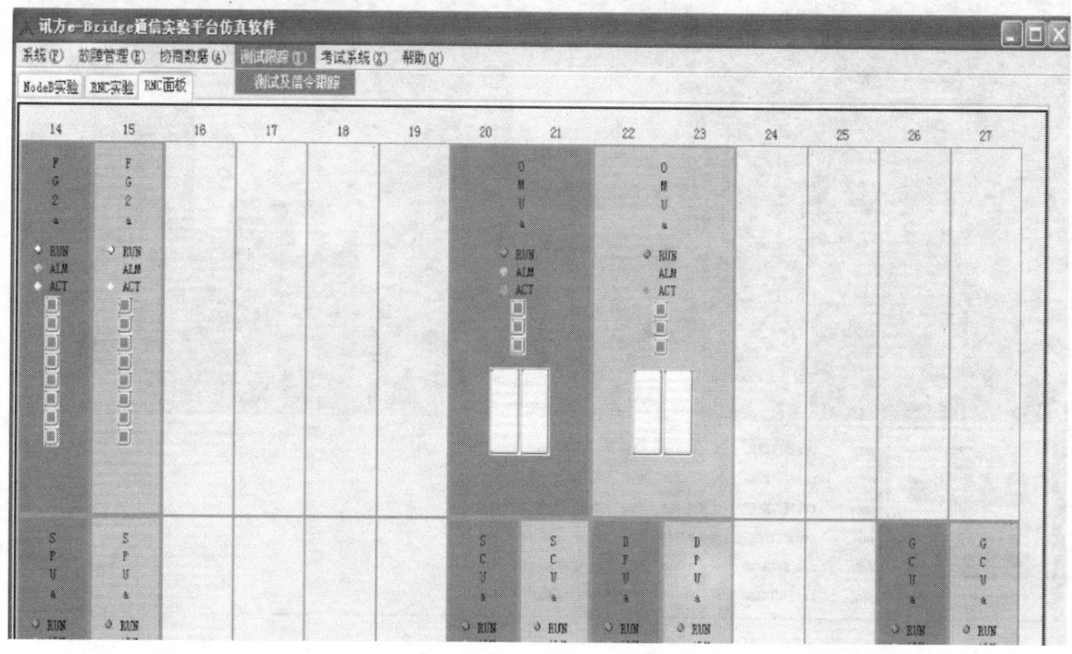

图 16-44　测试跟踪

单击手机右边拨号键，如图 16-45 所示。

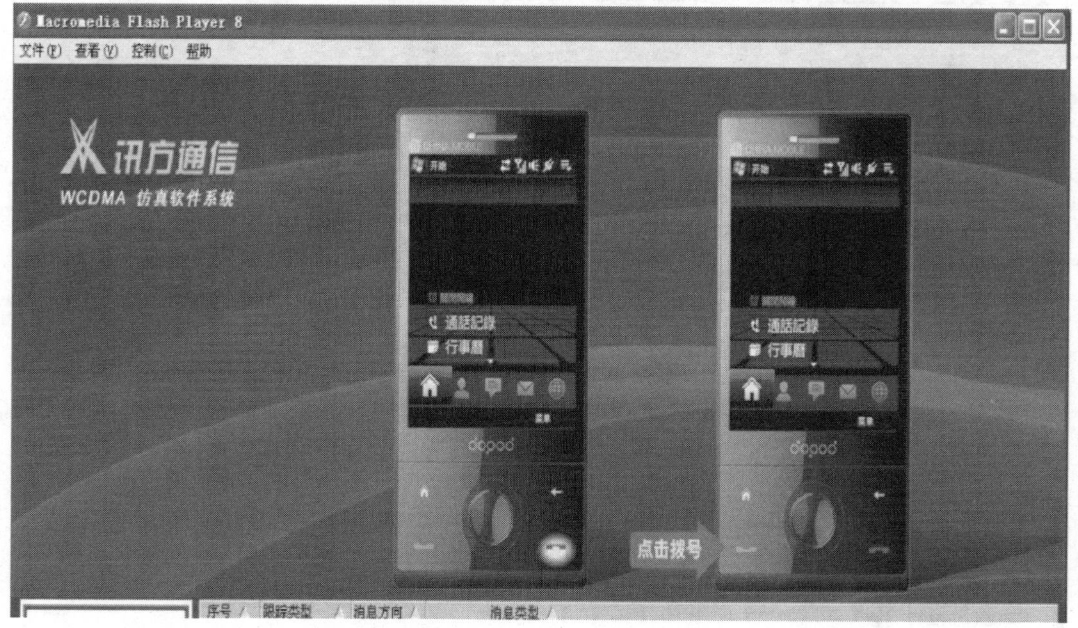

图 16-45　单击拨号

单击“IUB 接口跟踪”，如图 16-46 所示。

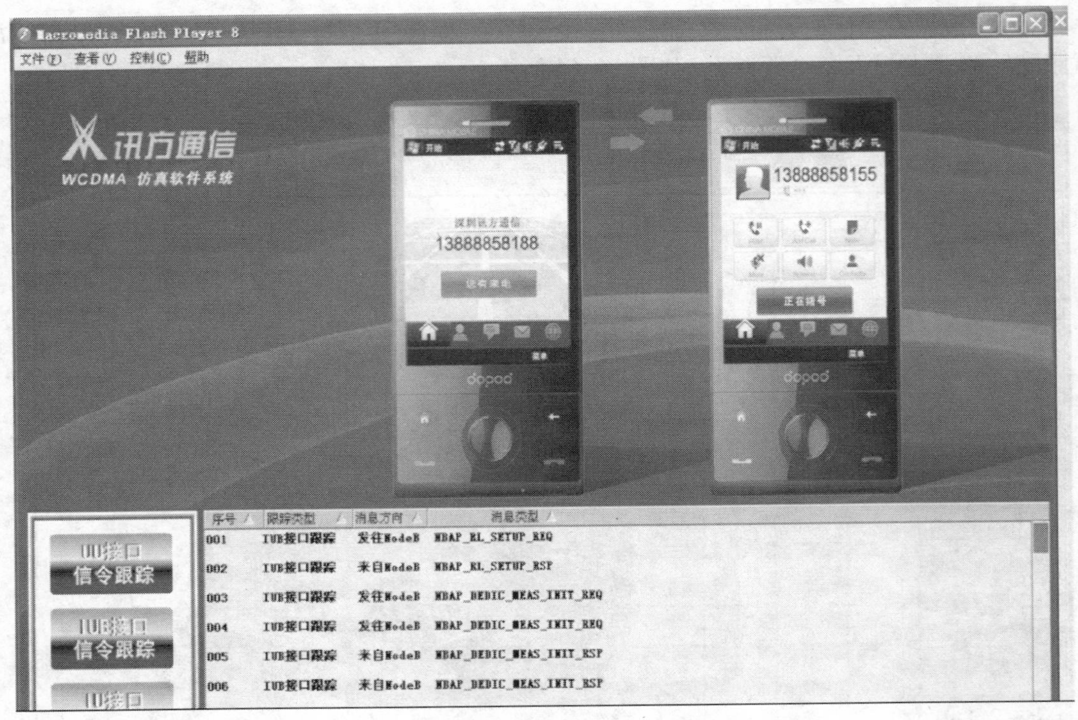

图 16-46 IUB 接口跟踪

单击手机左边接听键，手机屏幕显示“正在通话”状态，如图 16-47 所示。

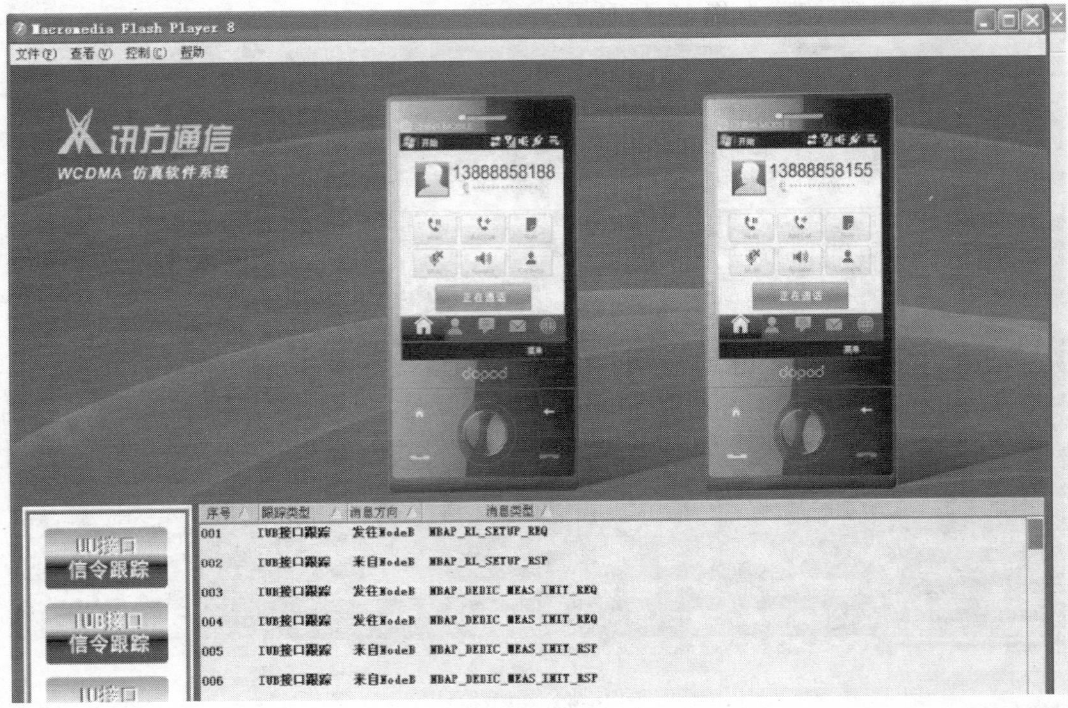

图 16-47 手机正在通话

六、课后习题

1. 设备面板中的 WMPT 单板有什么功能？
2. CCP 数据的端口号与哪个参数需保持一致？CCP 是否可增加多条？
3. 扇区与小区的关系是什么？

参 考 文 献

[1] 王贵，李世文，杨善庆. 高职院校 WCDMA 实训平台建设与教学改革［J］. 长沙通信职业技术学院学报，2010（02）：22-27.

[2] 林文浩. 基于高校 WCDMA 实验室的实训课程系统研究［D］. 广州：华南理工大学，2011.